普通高等院校计算机教育“十三五”规划教材

基于Vue的微信小程序开发实践教程

张廷杭　仲宝才　主编

中国铁道出版社有限公司
CHINA RAILWAY PUBLISHING HOUSE CO., LTD.

内 容 简 介

本书通过“博客小程序”项目完整地讲解基于 Vue 的微信小程序开发流程。全书共 13 章，其中前 7 章着重讲解微信小程序开发的基础知识，包括框架简介、页面布局、动画实现、事件处理、网络请求和页面渲染；第 8～13 章着重讲解项目实战相关知识，包括音视频处理、文件上传和下载、网络通信、定位和在线支付。通过知识点与实践相结合，可使读者掌握知识的同时学会知识的运用，并且感受项目开发的乐趣。

本书适合作为高等院校计算机相关专业“微信小程序开发”课程的教材，也可以作为广大开发人员和编程爱好者的参考用书。

图书在版编目（CIP）数据

基于 Vue 的微信小程序开发实践教程/张廷杭，仲宝才主编. —北京：中国铁道出版社有限公司，2020.6（2022.12重印）
普通高等院校计算机教育“十三五”规划教材
ISBN 978-7-113-26893-0

Ⅰ.①基… Ⅱ.①张… ②仲… Ⅲ.①移动终端-应用程序-程序设计-高等学校-教材 Ⅳ.①TN929.53

中国版本图书馆 CIP 数据核字（2020）第 083812 号

书　　名：基于 Vue 的微信小程序开发实践教程
JIYU Vue DE WEIXIN XIAOCHENGXU KAIFA SHIJIAN JIAOCHENG
作　　者：张廷杭　仲宝才

策　　划：汪　敏　　　　**编辑部电话：**（010）51873628
责任编辑：汪　敏　彭立辉
封面设计：尚明龙
责任校对：张玉华
责任印制：樊启鹏

出版发行：中国铁道出版社有限公司（100054，北京市西城区右安门西街 8 号）
网　　址：http://www.tdpress.com/51eds/
印　　刷：三河市兴达印务有限公司
版　　次：2020 年 6 月第 1 版　2022 年 12 月第 3 次印刷
开　　本：787 mm×1 092 mm 1/16　**印张：**14.25　**字数：**326 千
书　　号：ISBN 978-7-113-26893-0
定　　价：39.80 元

前 言

近年来随着互联网的快速发展，Web 前端开发在国内掀起一股热潮。尤其是HTML 5提升了浏览器客户端的开发能力，使客户端应用更加丰富。依托 HTML 5 的相关技术，衍生出大量的前端框架，推动了前后端分离的实现，Vue 是其中优秀的代表。

微信小程序是一种不需要下载安装就可以使用的应用程序。它依托微信生态，可以在微信内被便捷地获取和传播，用户扫一扫或者搜一搜即可打开应用。

Vue.js 是一套构建用户界面的渐进式框架，采用自底向上增量开发设计。开发者通常把 Vue.js 简称为 Vue，本书遵循该约定。Vue 的核心库只关注视图层，方便与第三方库或既有项目整合。mpvue 是一个使用 Vue 开发小程序的前端框架，它修改了 Vue 的 runtime 和 compilper 实现，使其可以运行在小程序环境中。本书中采用了 mpvue 框架来开发微信小程序。

市面上关于小程序和 Vue 框架应用开发的书籍很多，但是大部分都集中在基础知识的讲解，对于使用 mpvue 将 Vue 和小程序结合开发的案例，却鲜有涉及。本书以一个线上项目开发过程为主线，详细讲解具体模块知识点及其在开发场景的应用，最终使读者掌握微信小程序开发过程。

本书具有以下特点：

(1) 层次分明，循序渐进。本书从第 2 章到第 7 章介绍基础知识；从第 8 章到 12 章，着重讲解应用实战相关知识；第 13 章讲解应用扩展知识。读者学习知识的同时，可完整体验整个开发过程。

(2) 结构清晰，内容简练。每章节从基础知识介绍入手，将相关知识点用于实际应用中并进行适当拓展。

(3) 案例驱动，源码追溯。本书所有案例均可以通过提供的示例代码查看；相关功能的效果，均可以使用微信搜索小程序找到配套案例应用。

(4) 配图丰富，图文并茂。本书使用较多的图片介绍应用界面，帮助开发者理解知识点。

本书包括基础知识和实践知识，方便有前端开发基础的读者快速入门小程序开发，适合已经掌握 HTML 5、CSS 3 和 JavaScript 基础知识的读者，在书中不仅可以学习 Vue 相关知识，还可以学习小程序特有的知识点。

本书配套案例使用说明：

（1）博客小程序配套源代码地址（后文简称博客源代码）：https://github.com/itbook- program/itbook-blog。

（2）其他学习案例源码地址（后文简称学习案例源代码）：https://github.com/itbook- program/itbook-demo。

（3）小程序端配套的后台管理系统地址：https://admin.itbook.club 进入。

（4）小程序 API 接口地址：https://doc.itbook.club/swagger-ui.html 查看。

本书由张廷杭、仲宝才任主编，姚鑫、颜德彪任副主编。其中：第 1、2 章由姚鑫编写，第 3~6 章由仲宝才编写，第 7~12 章由张廷杭编写，第 13 章由颜德彪编写。张廷杭完成配套后台系统的开发工作，仲宝才负责全文的审阅和校订工作。

由于时间仓促，编者水平有限，书中难免存在疏漏与不妥之处，恳请广大读者批评指正。

编　者
2019 年 12 月

目　录

第1章 概述

1.1 微信小程序概述

微信小程序简称小程序,是一种不需要下载安装即可使用的应用,它实现了应用“触手可及”的梦想,用户扫一扫或搜一搜即可打开应用。经过几年的发展,小程序已经构建了完善的开发环境和开发生态。

本书以博客小程序项目为例,完整地呈现微信小程序从0到1的开发过程。在博客小程序的开发过程中,涉及小程序基础功能、常用核心功能和新开发功能的使用。通过项目的开发过程,使开发者能够掌握小程序的基础开发技术,熟悉小程序高级开发技术,同时积累小程序开发经验。

本书共分13章:前7章主要讲解前端开发基础知识点,必要时对相关知识点进行补充;后6章通过小程序应用案例,在实战中讲解各个知识点的应用。通过理论与实践相结合的方式,使开发者快速、全面地掌握微信小程序的开发。

博客系统分为平台管理端和小程序端两部分。小程序端为读者提供浏览、打赏、点赞、聊天、分享、搜索等功能;为作者提供文章发布、文章管理、打赏提现、数据统计等功能。平台管理端为作者提供文章发布、详细数据统计等功能;为管理员提供应用数据统计、用户管理、文章管理、运营管理等功能。本书主要讲解小程序端,平台管理端可以通过访问 https://admin.itbook.club 网址直接使用。

1.2 小程序分析

本书围绕博客内容的书写、审核、展示、分享、收藏、关注、互动等核心场景,并结合微信小程序的知识点与 Vue 框架、mpvue 框架构建了博客小程序以及博客管理平台。在整个项目小程序端结合实名认证进行权限的区分,将用户分成读者和作者两大用户类型,并通过用户类型展示不同的信息界面与功能。读者拥有博文阅读、打赏、收藏、分享、消息互动、关注等权限和功能。作者拥有读者的全部权限以及文章发布、钱包提现等功能。同时,作者拥有 PC 端的文章管理发布、文章统计数据查看平台登录权限。

在博客管理平台，可以看到小而全的后台管理系统，博客后台管理平台拥有数据可视化分析、作者审核、平台文章管理、资金流水管理、小程序运营、用户权限管理等功能，覆盖了目前主流的后台管理系统的构成。通过本后台管理系统的学习，可以轻车熟路地进行常规的后台管理系统开发。

项目结构功能展示思维导图如图 1.1 所示。

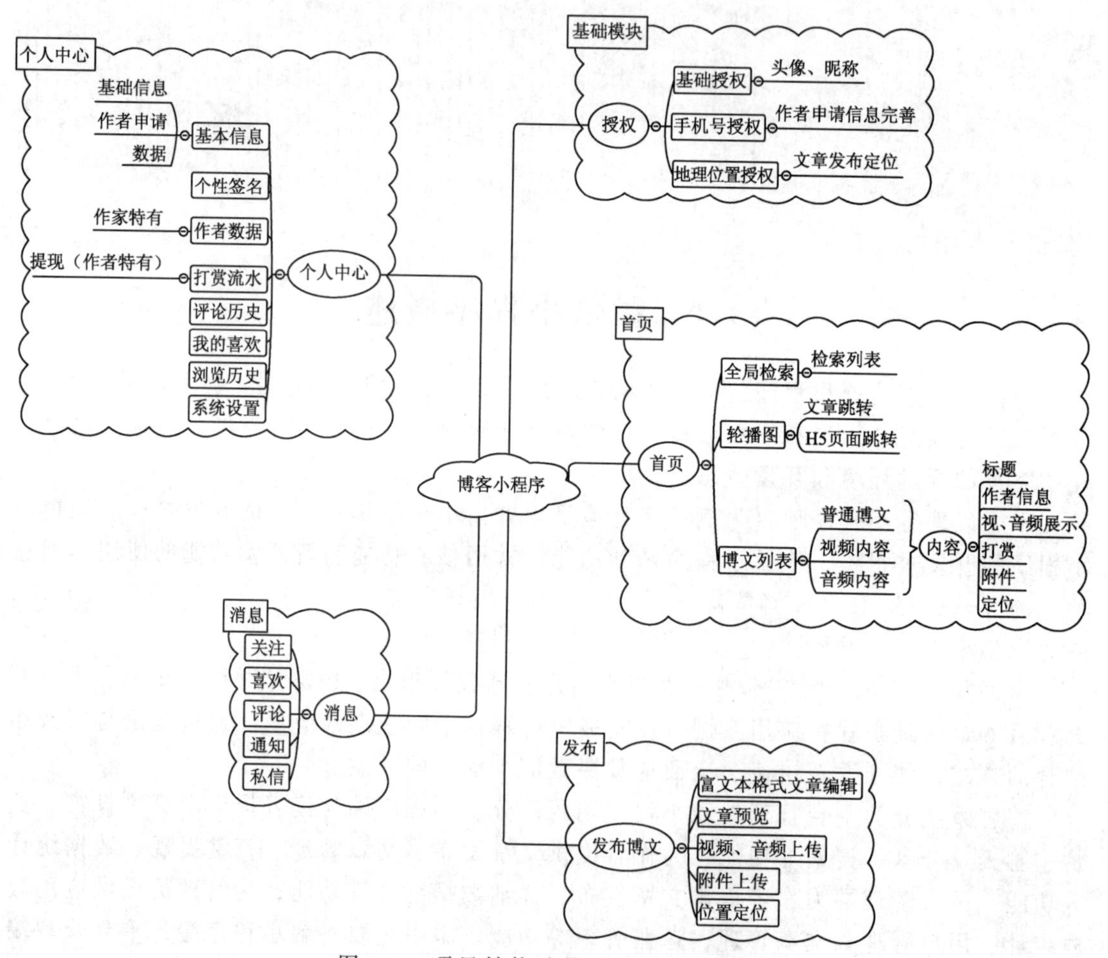

图 1.1　项目结构功能展示思维导图

1.3 模块展示

布局模块如图 1.2 所示。

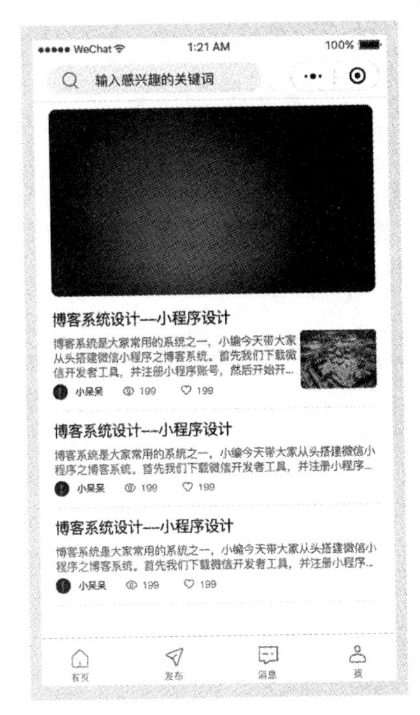

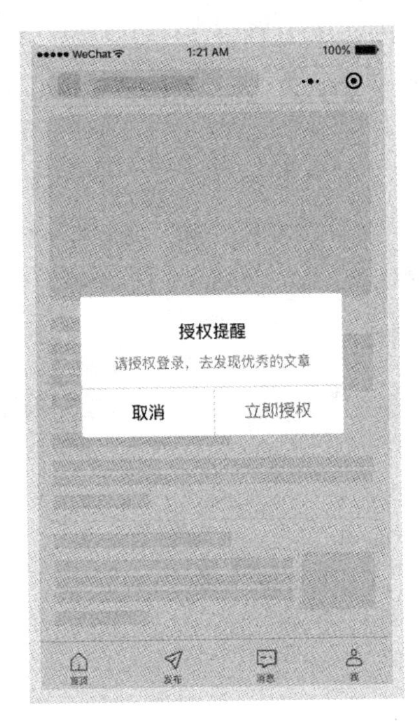

图 1.2　首页、授权页面

动画模块如图 1.3 所示。

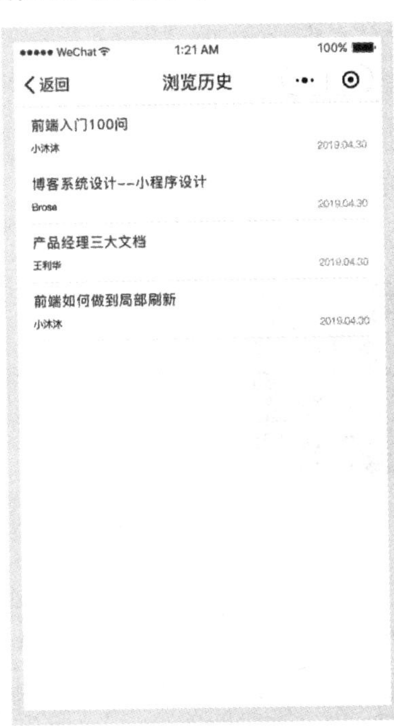

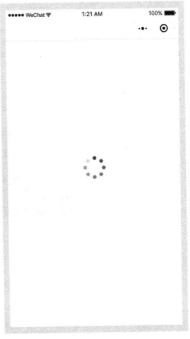

图 1.3　加载、Loading 页

事件模块如图 1.4 所示。

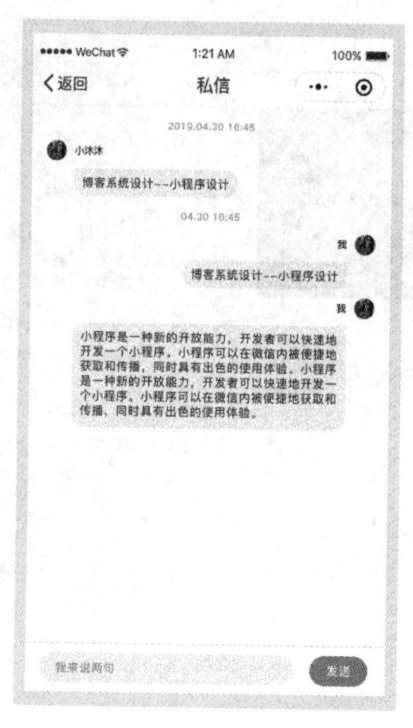

图 1.4 消息发送页

网络请求模块如图 1.5 所示。

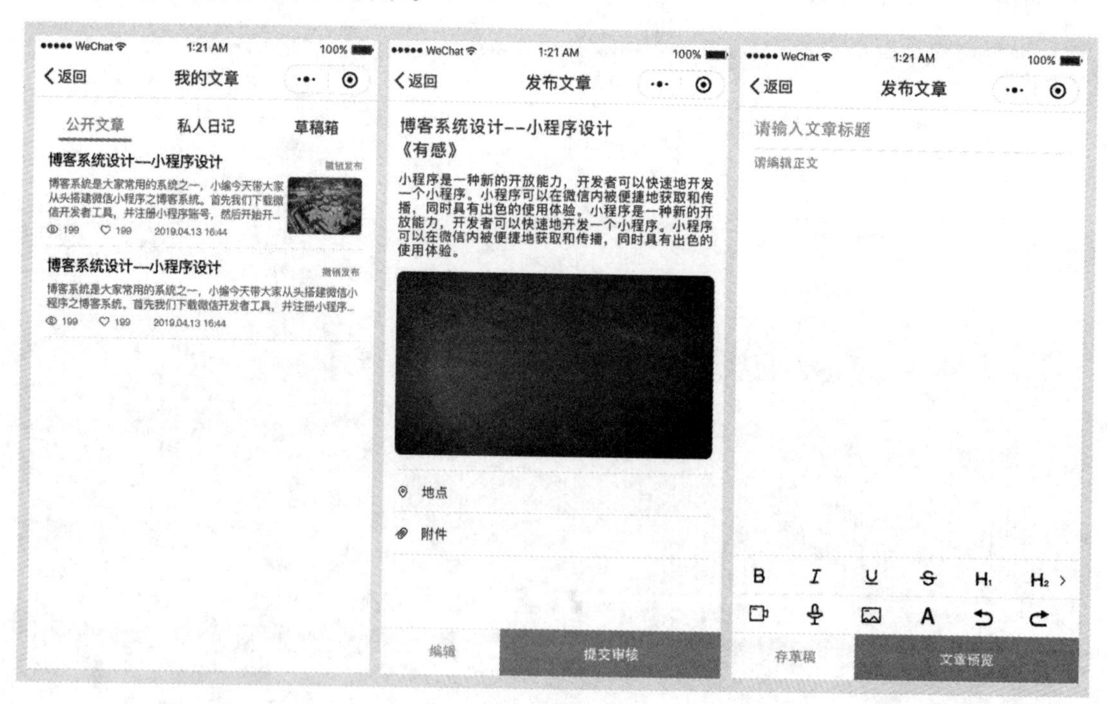

图 1.5 文章发布页

页面渲染模块如图 1.6 所示。

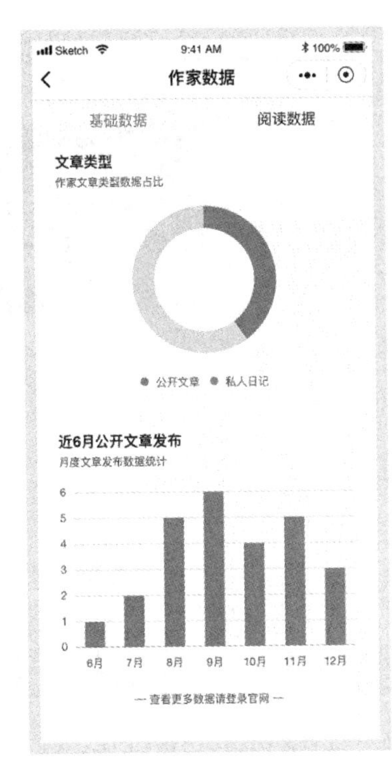

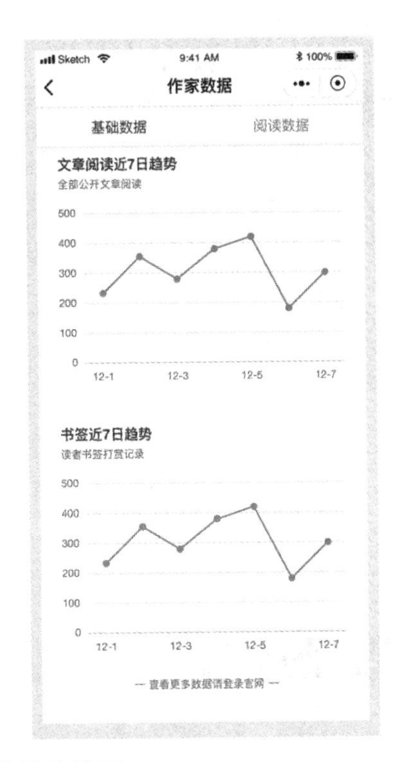

图 1.6 数据统计页

音频、视频模块如图 1.7 所示。

图 1.7 音频、视频展示页

文件模块如图 1.8 所示。

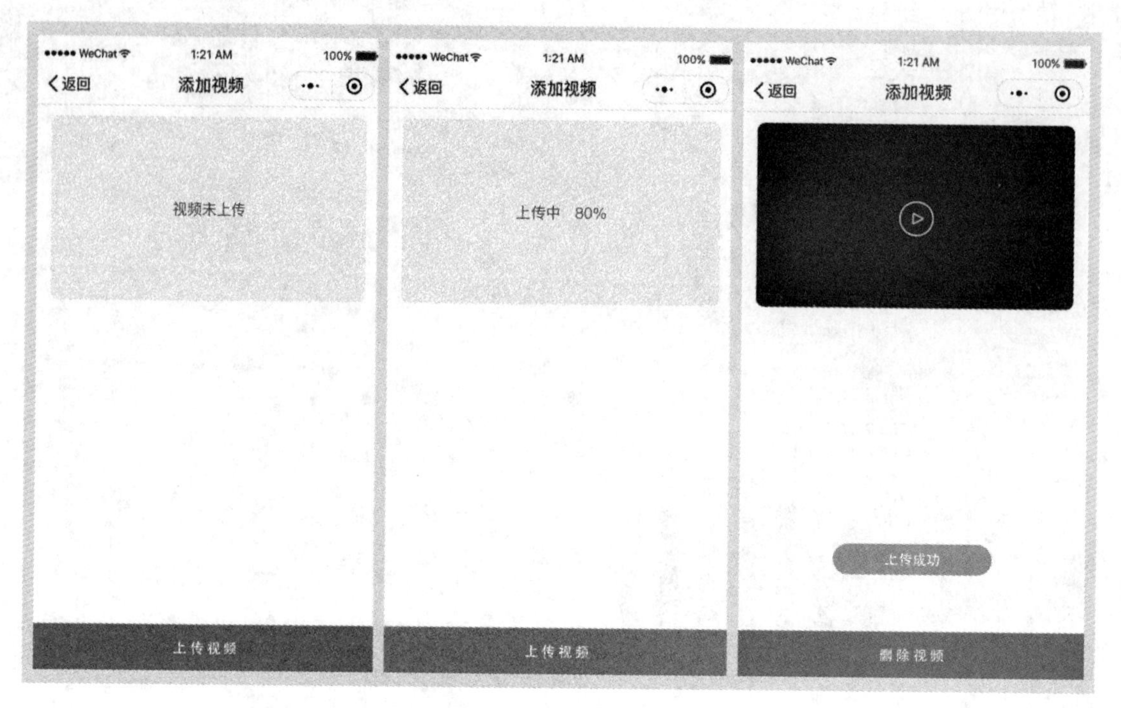

图 1.8 文件上传页

通信模块如图 1.9 所示。

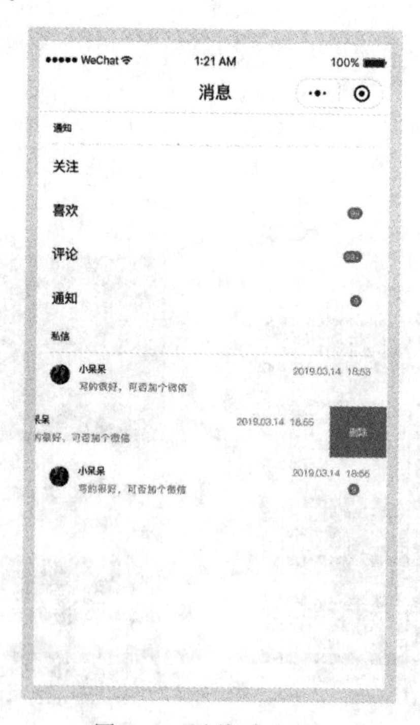

图 1.9 系统消息页

定位模块如图 1.10 所示。

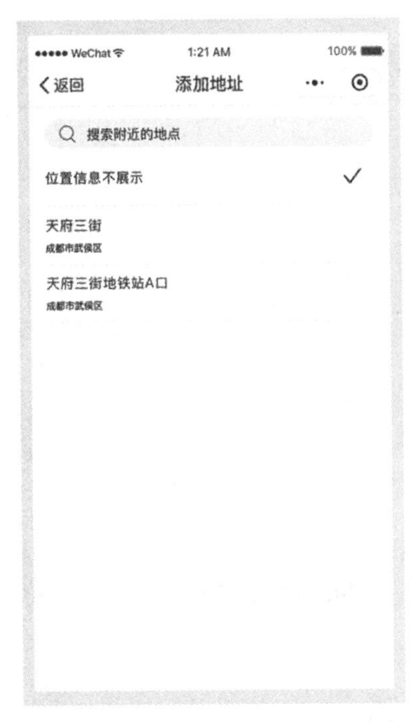

图 1.10　范围内容搜索页

支付模块如图 1.11 所示。

图 1.11　微信支付页

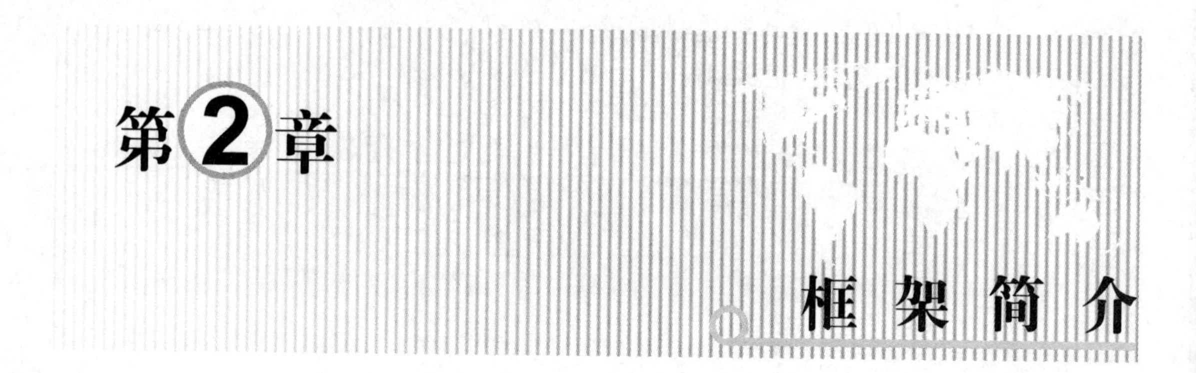

2.1 微信小程序框架简介

2.1.1 小程序配置

下载并安装微信小程序开发工具，地址：https://developers.weixin.qq.com/miniprogram/dev/devtools/download.html。打开微信小程序开发者工具，通过微信扫码登录，新建小程序工程，工程项目配置如图 2.1 所示。

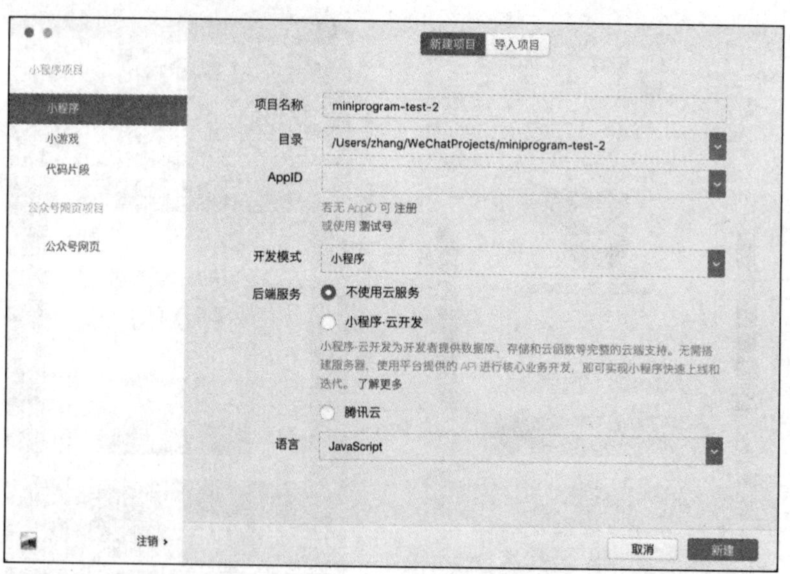

图 2.1　工程项目配置

在项目配置页面填写项目名称和已申请的 AppID。如果尚未申请 AppID，也可以直接单击“测试号”（测试号只能用于开发测试，如果要发布小程序，必须申请 AppID），跳过 AppID 验证步骤。AppID 是微信小程序的唯一标识，申请步骤如下：

（1）打开微信公众平台官网，注册微信公众平台小程序账号。

（2）完成信息登记，进入微信小程序管理后台。

（3）在开发类别中选择“开发设置中查看 AppID”。

语言可选 JavaScript 或 TypeScript（TypeScript 是 JavaScript 的严格超集）。因为本书以基础为重点，暂不介绍 TypeScript，有兴趣的开发者可自行参阅相关资料。全文以 JavaScript 为开发语言，后文不再赘述。

单击“新建”按钮进入小程序工程，如图 2.2 所示。左侧为模拟器，可以查看当前小程序的运行效果；右侧为编辑区域，用于展示当前项目的文件结构，提供编辑和调试代码的功能。

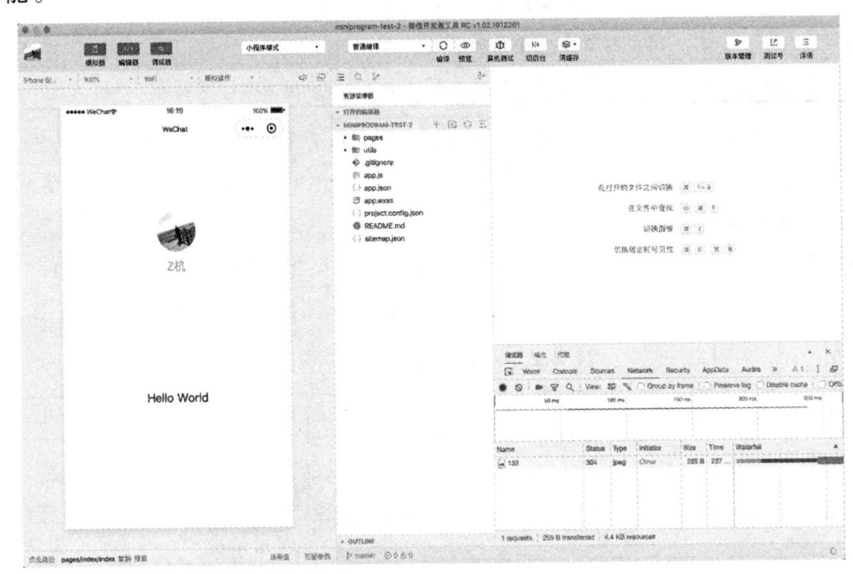

图 2.2　小程序工程

小程序使用微信官方自定义的一套语法规范，包含 WXML、WXS 两种新语法。WXML 语法类似于 HTML，在 HTML 的基础上，新增部分特有标签。WXS 语法与 CSS 类似。由于小程序运行在微信宿主环境中，在实际开发过程中，不用过多考虑适配问题，只要有前端开发基础，想上手小程序开发非常容易。

2.1.2　小程序框架

在编辑区域查看工程目录结构，如图 2.3 所示。

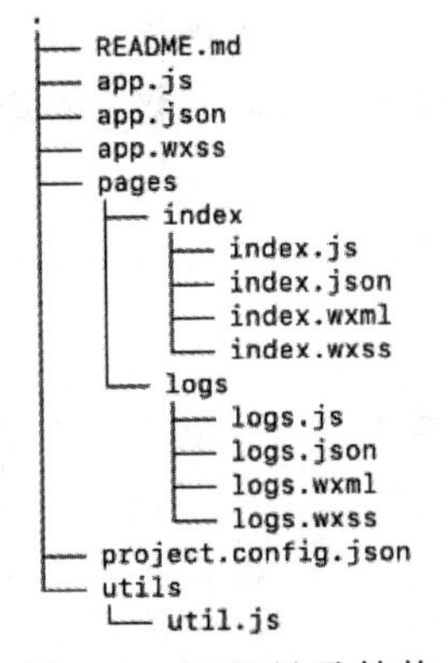

图 2.3　工程目录结构

工程目录结构说明如表 2.1 所示。

表 2.1 工程目录结构说明

pages 文件夹	项目页面文件夹，用于存放开发者自己编写的页面
utils 文件夹	用于存放公共的工具类方法文件
app.js 文件	用于配置小程序全局逻辑方法
app.json 文件	用于配置小程序全局公共配置，包括：小程序 header 部分颜色、文字内容、文字颜色、页面文件注册、设置多 tab 等
app.wxss 文件	用于配置小程序全局页面样式
project.config.json 文件	项目配置文件，包括小程序名字、appid、项目配置等

app.js、app.json、app.wxss、project.config.json 这 4 个文件是小程序的主体组成部分，必须放在项目根目录下。除此之外，其余文件的命名和存放位置，无强制要求，开发者可以根据习惯处理。

根据图 2.3 可知，当前项目有 index 和 logs 两个页面，存放在 pages 文件夹内。每个小程序页面都是由 4 个文件构成，以 index 页面为例，4 个文件的说明如表 2.2 所示。

表 2.2 小程序页面文件说明

文件	必需	说明
index.js	是	页面逻辑
index.json	否	页面配置
index.wxml	是	页面结构
index.wxss	否	页面样式

2.1.3 小程序接口

1. 小程序 App

官方规定，每个小程序都必须在 app.js 中调用并且只能调用一次 App()方法，注册小程序唯一实例。该 App 实例全局唯一，全部页面共享，可以用于绑定生命周期回调函数、错误监听函数和页面不存在监听函数等。开发者可以通过 getApp()方法获取全局唯一的 App 实例，获取 App 上的数据或调用开发者注册在 App 上的函数。

注意：JavaScript 中函数是可以执行的代码块，由 JavaScript 程序定义或实现预定义。方法是通过对象调用的 JavaScript 函数。也就是说，方法也是函数，只是比较特殊的函数。

app.js

```
//App 实例部分方法示例:
App({
    onLaunch(options){
        // 页面首次打开触发函数
    },
    onShow(options){
        // 页面显示触发函数
    },
    onHide(){
```

```
        // 页面隐藏触发函数
    },
    onError(msg){
        // 页面加载报错触发函数
        console.log(msg)
    },
    // 全局变量
    globalData: 'I am global data'
})
```

注意：使用 App 保存全局变量，当多个页面修改此变量时，可能会出现变量值不正确，修改位置不可追溯等问题，因此要谨慎使用 App 全局变量。

2. 模块化

JavaScript 支持模块化的概念，遵循 CommonJs、AMD、CMD 和 ES6 等规范。在本项目开发过程中，模块的导入与导出，采用 CommonJs 规范，其他遵循 ES6 规范。

ECMAScript 6 简称 ES6，是 JavaScript 语言的下一代标准，在 2015 年 6 月正式发布。其目标是可以使用 JavaScript 语言编写复杂的大型应用程序，成为企业级开发语言。

CommonJs 是一种广泛使用的模块化机制。该规范提倡每个文件就是一个模块，有自己的变量、函数、作用域等，模块内的内容均为私有的，对外界不可见。因此，该规范强调：模块必须通过 module.exports 或 exports 导出对外的接口；只能通过 require()方法加载模块文件，返回该模块的 exports 对象。以下为小程序官方提供的导入、导出示例：

（1）导出模块：

```
// common.js
// 定义 sayHello()函数
function sayHello(name){
    console.log(`Hello ${name} !`)
}
// 定义 sayGoodbye()函数
function sayGoodbye(name){
 console.log('Goodbye ${name} !')
}
// 通过 module.exports.sayHello 暴露 sayHello()函数
module.exports.sayHello=sayHello
// 通过 exports.sayGoodbye 暴露 sayGoodbye()函数
exports.sayGoodbye=sayGoodbye
```

（2）导入模块：

```
// 引入 common.js 暴露出的两个方法
const common = require('common.js')
Page({
    helloMINA(){
    // 通过暴露出的 sayHello()方法，执行 sayHello()函数内的 console.log()
    common.sayHello('MINA')
    },
    goodbyeMINA(){
    // 与上述类似
    common.sayGoodbye('MINA')
```

```
    }
})
```

注：模板字符串是增强版的字符串，用反引号（`）。它可以当作普通字符串使用，也可以用来定义多行字符串，或者在字符串中嵌入变量。

通过 module.exports 或 exports 暴露的方法，均可以在外部引用。exports 默认是 module.exports 的引用，在模块中随意更改 exports 的指向会造成未知错误，因此推荐采用 module.exports 来暴露模块接口。例如：

```
function sayHello(){
  console.log(`Hello Lee ! `)
}
function sayGoodbye(){
  console.log(`Goodbye Lee !`)
}
//  exports 指向新的内存地址，断开与 module.exports 引用关系
//  sayHello()方法无法暴露出去
exports = { sayHello: sayHello }
module.exports.sayHello = sayHello
```

（3）小程序组件：按照功能可以划分为视图容器、基础内容、表单组件、导航组件、媒体组件、地图和画布。

① 视图容器：按使用习惯可以分为基础容器、滑动容器、移动容器和覆盖容器 4 类。

- 基础容器（view）：搭建页面的基础容器，类似于 HTML 中的 div 标签。
- 滑动容器（swiper）：必须搭配 swiper-item 标签使用，可用于实现轮播图等效果。
- 移动容器（movable-view、scroll-view）：movable-view 容器是从基础库 1.2 开始支持，必须放在 movable-area 容器内使用，通过此容器，可以实现动态的拖动等效果；scroll-view 容器更多地用于横向或竖直滚动，通过此容器，可以实现广告轮播显示、跑马灯等效果。
- 覆盖容器（cover-view、cover-image）：如果需要在原生标签上继续覆盖内容，可以使用 cover-view 组件，将需要覆盖的内容进行包裹。如果覆盖内容是图片，可以使用 cover-image 组件，将需要覆盖的图片进行包裹。

注意：原生组件包括 map、video、canvas、camera、live-player（实时音频、视频播放）、live-pusher（实时音频、视频推流）。如果需要测试原生组件上覆盖的内容，需要真机调试；模拟器内使用上述原生组件时，使用 view 也可正常覆盖，不具备参考价值，因此需要以真机调试为准。

② 基础内容：包括 icon（图标）、progress（进度条）、rich-text（富文本）和 text（文本）4 种组件。这些组件是在页面布局时经常会使用到的基础组件。对于这类组件的使用，例如基础图标的使用、页面显示进度条、富文本显示和文本显示等，就不逐个展开，在后续涉及相关内容时，会具体讲解相应组件的使用方法。

③ 表单组件：包括 button、checkbox、editor（富文本编辑器）、form、input、label、picker、radio、slider、switch 和 textarea 等常用组件。通过这些组件可以构造出内容丰富的表单内容。

其中,editor组件为小程序特有的组件,通过editor组件可以快速创建富文本编辑器。由于eidtor组件在微信基础库需要2.7版本以上才能支持，如果使用此组件，需要提前锁定基础库版本，避免出现未知BUG。关于editor组件在案例内的使用，可参考6.3.2章节。

注意：使用第三方富文本编辑器排版好的内容，使用v-html指令去展示时，展示出来的效果和在第三方富文本编辑器内排版好的内容可能不一致，因此，开发者需要根据实际样式效果，调整部分解析样式。使用editor组件创建的内容，可以通过rich-text组件完美地还原排版后的效果。

④ 导航组件：包括functional-page-navigator和navigator。小程序内通过navigator组件完成页面导航。functional-page-navigator组件主要用于跳转插件功能页。

⑤ 媒体组件：包括audio、video、image、camera、live-player和live-pusher六个组件，用于实现小程序内展示音频、视频和图片等功能。其中，camera、live-player和live-pusher为小程序新增组件。

- camera组件：调用系统照相机，实现拍照、摄像、扫描二维码功能，通过此组件可以自定义拍照界面。
- live-player组件：实时音视频播放，通过此组件可以实现音频、视频实时播放功能。
- live-pusher组件：实时音视频录制，通过此组件可以实现flv、rtmp等格式音视频推流的功能。
- live-player和live-pusher组件是小程序特有的组件，利用这两个组件可以实现线上直播功能。

⑥ 地图：map组件主要用于地图相关的定制化开发。在小程序内如果想要实现与地图相关的标记、连线、控件显示等功能，可以使用此组件快速开发。

⑦ 画布：Canvas组件，小程序中的画布组件。

注意：Canvas在小程序中被定义为原生组件，它不同于HTML 5中的Canvas标签。如果在它的上层覆盖内容，则需要配合覆盖容器使用。

2.2 Vue框架简介

Vue是一套用于构建用户界面的渐进式前端框架，不仅易于上手，还便于与第三方库或既有项目整合。Vue的目标是通过尽可能简单的API，实现响应的数据绑定和组合的视图组件，让开发者聚焦视图层，简化开发流程。使用Vue开发的项目，可以直接用于多种场合（如手机Web端、小程序端等），使用一套代码，快速开发多平台应用程序，大大降低开发和维护成本。本项目选择基于Vue的开源框架mpvue作为基础开发框架，也是基于此目的考虑。

2.2.1 Vue配置

1. Vue CLI构建工具

Vue CLI是搭建交互式的脚手架工具，通过它可以快速地基于原型开发。Vue CLI致力于将Vue生态中的工具基础标准化，在默认配置下，各种构建工具即可平稳衔接。这样开发者就可以专注在应用开发上，而不必在配置问题上花费大量时间和精力。

注意：对于Vue CLI有兴趣的开发者，可以参考官方文档https://cli.vuejs.org/zh/guide/。项目使用Vue CLI默认配置生成，后期可根据需求在已有配置上，动态调整配置项。

2. Webpack打包工具

Webpack打包工具是一个JavaScript应用程序的静态模块打包工具。通过它处理应用程序时，会在内部构建一个依赖图（dependency graph），此依赖图会映射项目所需的每个模块，并生成一个或多个包。通过此工具可以将ES6代码转化为ES5代码，提高兼容性。由于Webpack工具只能处理JavaScript代码，因此需要配置相关插件，编译对应文件。

注意：通过Webpack，可以帮助快速编译Vue项目工程。对于Webpack的相关使用，可以参考Webpack官网：https://webpack.js.org/。上述讲解的Vue CLI工具，也是基于Webpack构建。

3. npm包管理工具

npm是同Node.js一同安装的包管理工具。通过npm可以管理本地项目的所需模块并自动维护依赖情况，也可以管理全局安装的JavaScript工具。上述介绍的Webpack工具、Vue CLI工具均可以通过npm安装。

npm简单使用命令：

安装插件：`npm install 模块名 [参数]`

常用参数介绍如下：

- -S或--save：安装包信息将加入到dependencies（生产阶段的依赖）。
- -D或--save-dev：安装包信息将加入到devDependencies（开发阶段的依赖），所以开发阶段一般使用它。
- -O或--save-optional：安装包信息将加入到optionalDependencies（可选阶段的依赖）。
- -E或--save-exact：精确安装指定模块版本。
- -g：全局安装。

卸载插件：`npm uninstall 模块名 [参数]`

更新插件：`npm update 模块名 [参数]`

注意：npm命令十分丰富，如果想了解npm的更多应用，可以查阅npm官方文档：https://docs.npmjs.com/。

4. 生成项目

确保计算机已经安装Node.js。本项目使用Vue推荐的脚手架工具Vue CLI来构建项目。集成开发环境采用 VS code。

注意：Vue CLI 需要 Node.js 8.9 或更高版本（推荐 8.11.0+）。可以使用 nvm 或 nvm-windows 在同一台计算机中管理多个 Node 版本。

打开命令行工具，执行以下命令：

```
npm install -g @vue/cli
```

因为 npm 服务器在国外，安装相关插件时间较长，可以临时指定国内安装源。推荐使用淘宝镜像源，执行如下命令：

```
npm install -g @vue/cli -registry=https://registry.npm.taobao.org
```

注意：淘宝的镜像源可以全局安装，安装后可以使用 cnpm 操作。但是使用 cnpm 在某些情况下可能会出现未知问题。因此，案例使用 npm 安装，在安装进度过慢时，临时指定淘宝源。

安装完成后，可以在命令行中使用 Vue 相关命令，通过如下命令检查版本是否正确(4.x)。

```
vue --version
```

注意：本节以 vue-cli 4.x 为例，若本地已安装 1.x 或 2.x，需先通过 npm uninstall vue-cli -g 卸载后才能安装。

5. 创建一个项目

（1）选择工程目录存放位置，使用 VS code 开发工具打开该目录，打开 VS code 自带的终端工具，通过以下命令生成新项目：

```
vue create 工程名称
```

执行成功后，会在控制台展示相关内容，如图 2.4 所示。

图 2.4　控制台展示的内容

（2）根据自身需求选择不同的插件，选择插件时，通过上下键切换选项，按【Enter】键确认选项。

- default 选项：安装默认的 babel 和 eslint 等插件，对于无特殊需求的项目，可以选择该选项，关于相关插件的作用，后面会具体介绍。
- Manually 选项：手动选择想要安装的插件，对于项目有定制化插件安装需求的开发者，可以选择该选项，可供选择的插件如图 2.5 所示。

本项目采用 default 选项，对于后续需要使用的插件，将在后续的章节根据需求安装。

（3）选择 default 选项后，系统自动安装相关插件，并且在执行路径下生成工程文件，终端控制台输出内容如图 2.6 所示。

```
? Please pick a preset: Manually select features
? Check the features needed for your project: (Press <space> to select, <a> to toggle all, <i> to invert selection)
>◉ Babel
 ○ TypeScript
 ○ Progressive Web App (PWA) Support
 ○ Router
 ○ Vuex
 ○ CSS Pre-processors
 ◉ Linter / Formatter
 ○ Unit Testing
 ○ E2E Testing
```

图 2.5　可供选择的插件

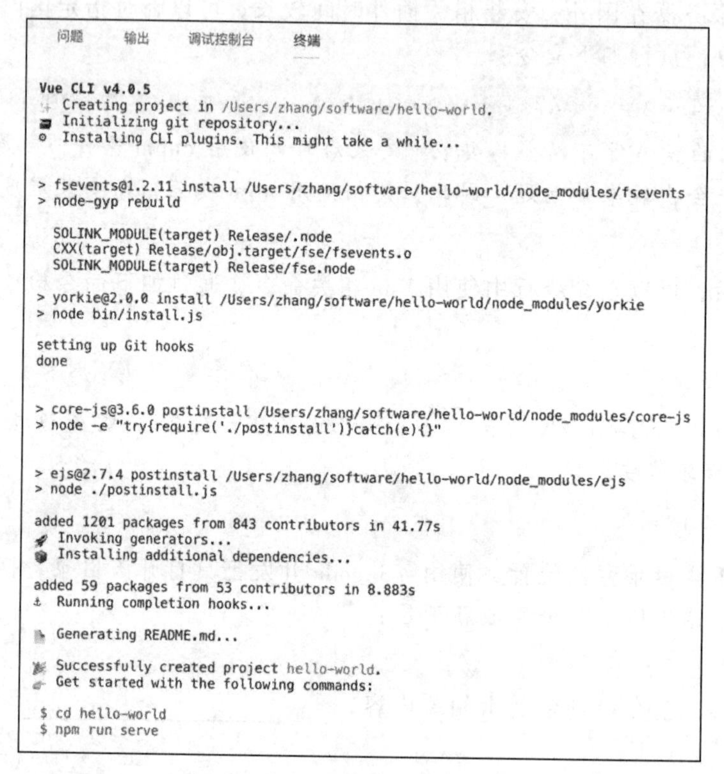

问题
输出
调试控制台
终端
Vue CLI v4.0.5
Creating project in /Users/zhang/software/hello-world.
Initializing git repository...
Installing CLI plugins. This might take a while...
> fsevents@1.2.11 install /Users/zhang/software/hello-world/node_modules/fsevents
> node-gyp rebuild
SOLINK_MODULE(target) Release/.node
CXX(target) Release/obj.target/fse/fsevents.o
SOLINK_MODULE(target) Release/fse.node
> yorkie@2.0.0 install /Users/zhang/software/hello-world/node_modules/yorkie
> node bin/install.js
setting up Git hooks
done
> core-js@3.6.0 postinstall /Users/zhang/software/hello-world/node_modules/core-js
> node -e "try{require('./postinstall')}catch(e){}"
> ejs@2.7.4 postinstall /Users/zhang/software/hello-world/node_modules/ejs
> node ./postinstall.js
added 1201 packages from 843 contributors in 41.77s
Invoking generators...
Installing additional dependencies...
added 59 packages from 53 contributors in 8.883s
Running completion hooks...
Generating README.md...
Successfully created project hello-world.
Get started with the following commands:
$ cd hello-world
$ npm run serve

图 2.6　终端控制台输出内容

（4）在控制台输入提示命令，进入工程目录，执行 npm run serve 命令运行项目。在 VS code 的左侧边栏可以看到当前目录结构，如图 2.7 所示。

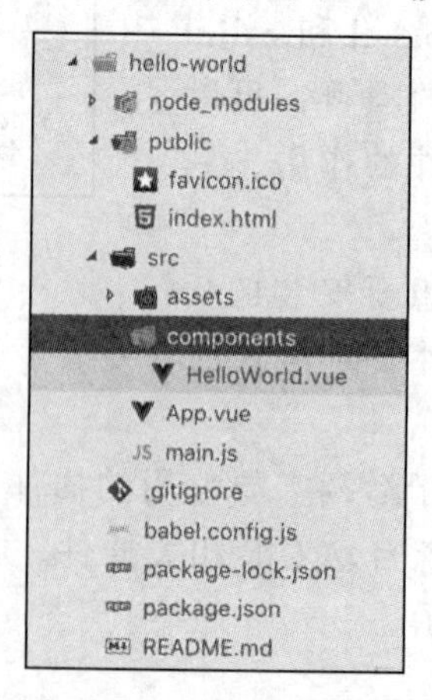

图 2.7　工程目录结构

工程目录文件说明如表 2.3 所示。

表 2.3　工程目录文件说明

文件名	说明
node_modules	项目中所使用的相关插件
public	入口 html 文件、ico 图标
src	项目主要开发目录，可以存放组件、页面相关资源等
.gitignore	在使用 git 提交代码时，用于配置 git 忽略某些文件等
babel.config.js	babel 插件相关配置文件
package-lock.json	根据 package.json 文件生成的配置文件
package.json	项目的配置文件
REDADME.md	markdown 文件，用于介绍项目等

package.json 文件内容如图 2.8 所示。

```
1  {
2    "name": "hello-world",
3    "version": "0.1.0",
4    "private": true,
5    "scripts": {
6      "serve": "vue-cli-service serve",
7      "build": "vue-cli-service build",
8      "lint": "vue-cli-service lint"
9    },
10   "dependencies": {
11     "core-js": "^3.3.2",
12     "vue": "^2.6.10"
13   },
14   "devDependencies": {
15     "@vue/cli-plugin-babel": "^4.0.0",
16     "@vue/cli-plugin-eslint": "^4.0.0",
17     "@vue/cli-service": "^4.0.0",
18     "babel-eslint": "^10.0.3",
19     "eslint": "^5.16.0",
20     "eslint-plugin-vue": "^5.0.0",
21     "vue-template-compiler": "^2.6.10"
22   },
23   "eslintConfig": {
24     "root": true,
25     "env": {
26       "node": true
27     },
28     "extends": [
29       "plugin:vue/essential",
30       "eslint:recommended"
31     ],
32     "rules": {},
33     "parserOptions": {
34       "parser": "babel-eslint"
35     }
36   },
37   "postcss": {
38     "plugins": {
39       "autoprefixer": {}
40     }
41   },
42   "browserslist": [
43     "> 1%",
44     "last 2 versions"
45   ]
46 }
47
```

图 2.8　package.json 文件内容

package.json 文件相关属性说明：

- private 属性：当值为 true 时，表示私有库，npm 拒绝发布该库；当值为 false 时，表示可以发布该库，已供其他开发者使用。
- scripts 属性：与 node 命令相匹配。通过 npm run 命令，可以执行该属性下配置好的命令。例如，启动项目：npm run serve；打包项目：npm run build；静态代码规范检查：npm run lint。
- eslintConfig 属性：该属性为 eslint 代码检测的相关配置项，可以在该属性内修改 eslint 的配置。也可以在根目录下新建.eslintrc.js 文件，在文件内配置插件相关属性，eslint 插件会自动读取根目录下的该文件。
- postcss 属性：通过该配置项，可以在该属性内修改 CSS 文件编译的配置。也可以在根目录下新建 postcssrc.js 文件，在文件内配置插件相关属性，postcss 插件会自动读取根目录下的该文件。
- browserslits 属性：该属性用于指定项目的目标浏览器范围。可用于相关组件添加浏览器前缀、兼容旧版本浏览器等，在无特殊需求下，无须调整。
- dependencies、devDependencies 属性：这两个属性定义了项目内使用的所有插件，dependencies 内的插件表示项目发布环境内使用的插件（生产环境），在使用 Webpack 打包时，相关插件会被打包进工程内；devDependencies 属于开发插件（开发环境），属于开发阶段依赖插件，此处说明的插件不会被 Webpack 打包到编译好的工程文件内。因此，可根据所用插件的不同作用，选择插件是否需要在生产环境中使用。在讲 npm 包管理工具时，对于 npm 的参数有简单的介绍。通过-D 参数，可让插件只在开发阶段使用，不会被打包到项目工程内；通过-S 参数，可让插件被打包到工程项目内。

初始项目所使用的插件简单介绍如下：

- core-js：提供了 ES5、ES6 的 polyfills。
- Vue：vue 框架插件。
- @vue/cli-plugin-babel：编译 Vue 文件成相关的 HTML、CSS、JS 文件的插件。
- @vue/cli-plugin-eslint：在编译过程中，检查书写的代码是否符合 eslint 配置的规范。
- @vue/cli-service：启动一个本地项目，用于预览代码执行效果。
- babel-eslint：对有效的 babel 代码进行 lint 处理。
- eslint：eslint 插件。
- eslint-plugin-vue：检查 Vue 文件是否符合 eslint 规范。
- vue-template-compiler：解析 template 标签使用的插件。
- main.js：该文件是项目的入口文件，项目中所有的页面都会加载 main.js 文件。该文件内初始化 Vue 实例、加载全局插件和存储全局变量等信息。
- App.vue：项目根组件，后续页面均为此组件的子组件。

2.2.2 Vue 组件

组件的概念贯穿整个 Vue 开发，可以通过组件的不同组合来构造页面，从而减少重复代码，简化开发和维护流程。

常见的应用页面，通常由页头、内容区和底部导航区 3 个组件构成。每个组件可能又包含其他组件，这些组件组成一棵组件树。在 Vue 中，每个组件都有一个名字，可以通过全局注册或局部注册的方式使用。

1. 全局注册

在 main.js 中使用 Vue.component('my-component-name', { /* ... */ })进行注册。

2. 局部注册

定义相关组件：

```
var ComponentA={ /* ... */ }
var ComponentB={ /* ... */ }
var ComponentC={ /* ... */ }
components: { // 局部注册组件
    'component-a': ComponentA,
    'component-b': ComponentB
}
```

在需要待注册文件内的 components 属性中注册引用的组件，注册后可以直接使用该组件。

2.2.3 Vue 工具

官方推荐了 3 个协助 Vue 开发的配套工具。

1. DevTools

DevTools 是帮助调试的插件，可支持 chrome、firefox、standalone Electron app。下面以 Chrome 为例，简单讲解当前插件的使用方法。

（1）安装插件：在 Chrome 浏览器选择“更多工具”→“扩展程序”→“Chrome 网上应用商店”，打开网页后搜索 Vue，选择官方提供的 devTools 插件，如图 2.9 所示。

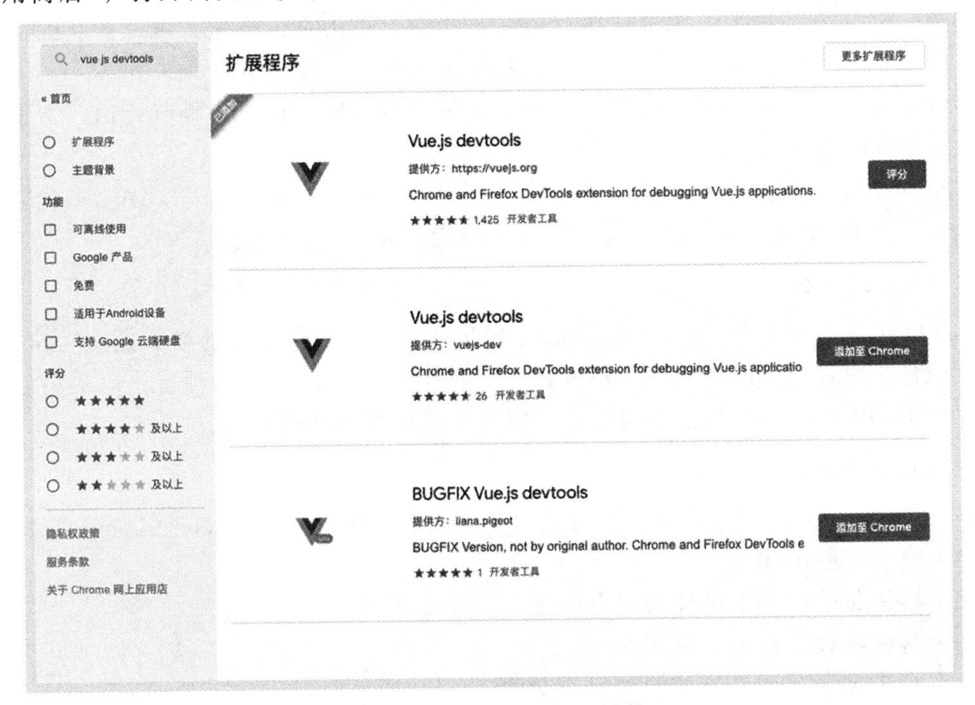

图 2.9 选择 DevTools 插件

若部分用户无法访问 Chrome 浏览器的网上应用商店，可以使用在学习案例源代码内 2-2-4 目录中提供的插件安装包，通过离线的方式进行安装。

（2）安装完成后重启浏览器，运行 Vue 项目时，按【F12】键，在浏览器控制台中可以看到名为 Vue 的选项，单击后，可以看到需要调试的 Vue 项目，如图 2.10 所示。

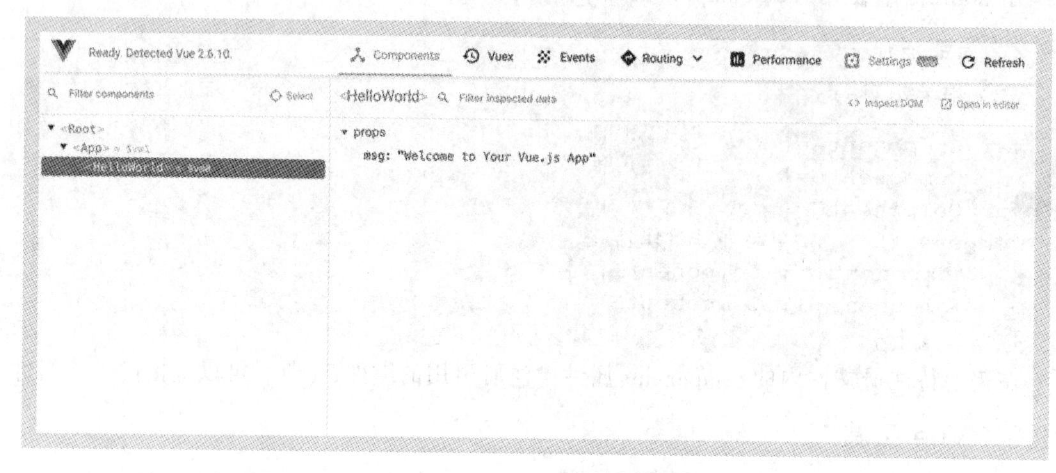

图 2.10　DevTools 插件界面

（3）使用 DevTools 的各个功能。

- Components 功能：查看当前页面由哪些组件树构成，在右侧显示当前组件的数据流转，帮助开发者快速追踪数据。
- Vuex 功能：用于追踪在 Vuex 中的数据流转情况，左侧可看到每次 dispatch 后触发的方法，右侧显示触发当前方法后，Vuex 内的数据流动情况。
- Events 功能：用于追踪事件执行情况。例如，单击某个按钮，可以捕获此操作触发哪些事件，通过此模块，可以快速追踪当前页面内发生的事件信息。
- Routing 功能：用于追踪使用 vue-router 做页面跳转时执行了哪些路由，帮助分析路由跳转情况。
- Performance 模块：用于追踪分析运行时的性能表现。通过 performance 功能可以分析 Response、Animation 和 Idle 三个性能指标。

2. Vue Loader

Vue Loader 是一个 Webpack 的 loader，它允许使用单文件组件的格式撰写 Vue 组件。通过该插件，可以将 Vue 文件内<template />、<script />和<style />标签书写的内容翻译成熟悉的 HTML、JS 和 CSS，分别对应视图层、逻辑层和表现层。

3. Vue Router

Vue Router 是 Vue 官方的路由管理器，与 Vue 深度集成。Vue Router 包含的功能如下：

（1）嵌套的路由/视图表。

（2）模块化的、基于组件的路由配置。

（3）路由参数、查询、通配符。

（4）基于 Vue 过渡系统的视图过渡效果。

（5）细粒度的导航控制。

（6）带有自动激活的 CSS class 的链接。

（7）HTML 5 history 模式或 hash 模式，在 IE 9 中自动降级。

（8）自定义的滚动条行为。

说明： Vuex 是一个专为 Vue 应用程序开发的状态管理库。它集中式存储和管理应用中所有组件的状态，并以相应的规则保证状态以一种可预测的方式发生变化。Vuex 也集成到 Vue 的官方调试工具 DevTools 内，提供了诸如零配置的 time-travel 调试、状态快照导入导出等高级调试功能。

Vue 是构建客户端应用程序的框架，通常用于在浏览器中输出 Vue 组件，生成和操作 DOM。也可以将一个组件渲染为服务器端的 HTML 字符串，将它们直接发送到浏览器，最后将这些静态标记“激活”为在客户端完全可交互的应用程序。

2.3　mpvue 框架简介

mpvue 是一个使用 Vue.js 开发小程序的前端框架，目前支持微信小程序、百度智能小程序、头条小程序和支付宝小程序等。mpvue 框架基于 Vue.js，修改了运行时框架 runtime 和代码编译器 compiler 实现，使其可运行在小程序环境中。mpvue 框架将 Vue 框架和小程序结合，使前端开发人员可以直接使用 Vue 开发小程序应用，无须过多关注小程序相关知识点，达到一门语言、一套代码多小程序发布的目的。

2.3.1　mpvue 配置

1. 生成项目

在讲解 Vue 的配置过程中，已经配置好了环境。打开 VS code 命令行工具，执行如下命令安装 mpvue 工程项目：

```
$ vue init mpvue/mpvue-quickstart 项目名
```

对于安装 Vue-cli 4.x 的开发者，执行上述命令后，可能会出现如图 2.11 所示的提示。

```
Command vue init requires a global addon to be installed.
Please run npm install -g @vue/cli-init and try again.
```

图 2.11　提示信息

出现该提示的原因是 mpvue 使用的 Vue-cli 版本为 2.x，此时版本不兼容，需要使用 cli-init 插件，作为 Vue-cli 3.x 及以上版本与 2.x 版本之间的通信桥梁。此处只需要执行如下命令即可：

```
npm install @vue/cli-init -g            //将该插件安装至全局
```

完成安装后，重新运行 mpvue 工程项目安装命令，运行后，出现交互式命令提示信息，直接按【Enter】键即可，如图 2.12 所示。

创建完项目后，根据提示，执行如下命令进行安装：

```
$ cd my-project
```

```
$ npm install
$ npm run dev
```

```
? Project name hello-world
? wxmp appid touristappid
? Project description A Mpvue project
? Author zhang <tinghang.zhang@csanty.com>
? Vue build runtime
? Use Vuex? Yes
? Use ESLint to lint your code? Yes
? 小程序测试，敬请关注最新微信开发者工具的“测试报告”功能

  vue-cli · Generated "my-project".

  To get started:

    cd my-project
    npm install
    npm run dev

  Documentation can be found at http://mpvue.com
```

图 2.12　命令提示信息

运行完成后，可以看到目录中生成了 dist 文件夹，编译完成的代码存放在此目录内。

打开微信开发者工具，选择新建小程序，项目目录指向本地存放 dist 文件夹的目录，打开/dist/wx 目录，可以预览生成的小程序。整个 mpvue 项目完成初始化。

注意：mpve 配置了热更新功能，修改代码保存后，微信开发者工具可以实时查看更新内容。

2. 工程目录结构

使用 mpvue 生成的工程目录结构，如图 2.13 所示。

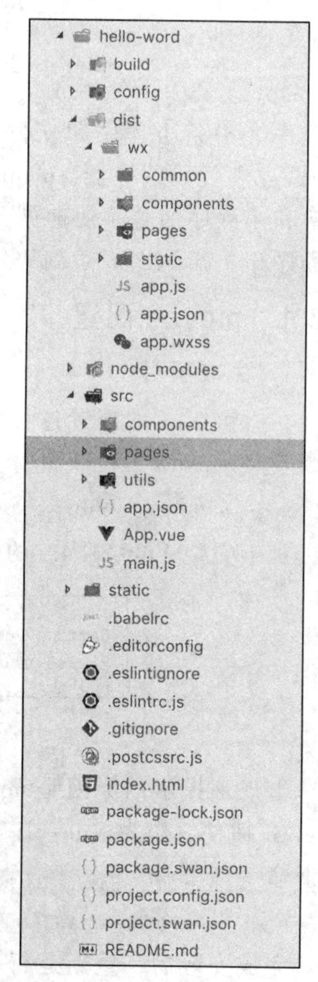

图 2.13　mpvue 工程目录结构

mpvue 工程目录与 Vue 类似，可以参考图 2.7 Vue 工程目录结构。此处列出 mpvue 特有的文件及说明，如表 2.4 所示。

表 2.4　mpvue 文件说明

文　件　名	说　　明
dist	编译完成后工程文件
package.swan.json	百度小程序项目的配置文件，作用同 pack.json 文件
project.config.json	管理微信开发者工具的小程序项目的配置文件
project.swan.json	百度小程序项目的配置文件

2.3.2　mpvue 生命周期

mpvue 的生命周期可以看作是小程序的生命周期与 Vue 生命周期的结合。mpvue 的生命周期一共有 11 个，分别为 BeforeCreate、Created、onLaunch/onLoad、onShow、onReady、beforeMount、mounted、beforeUpdate、updated、beforeDestroy、destroyed，其生命周期图，如图 2.14 所示。

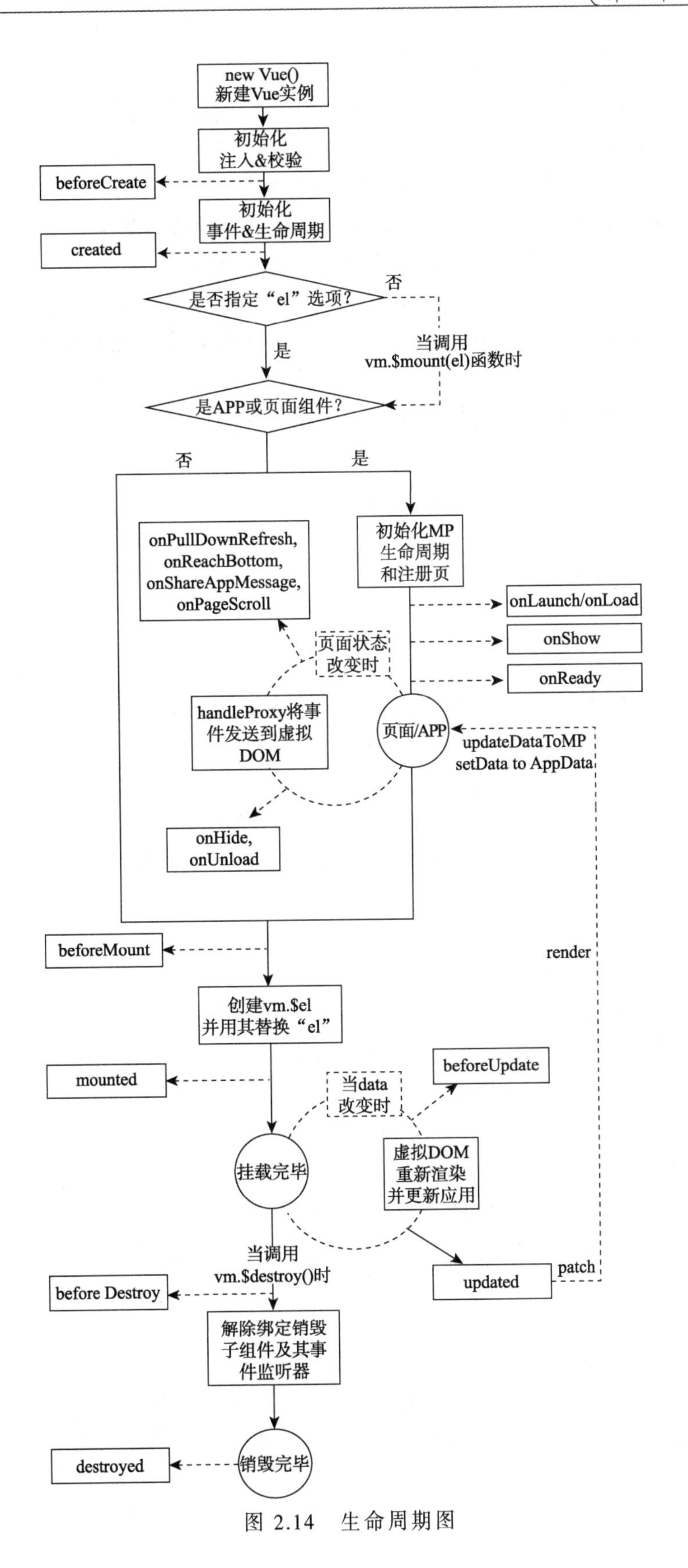
new Vue()
新建Vue实例
初始化
注入&校验
beforeCreate
初始化
事件&生命周期
created
是否指定“el”选项？
否
是
当调用
vm.$mount(el)函数时
是APP或页面组件？
否
是
onPullDownRefresh,
onReachBottom,
onShareAppMessage,
onPageScroll
初始化MP
生命周期
和注册页
onLaunch/onLoad
onShow
onReady
页面状态
改变时
handleProxy将事件发送到虚拟DOM
页面/APP
updateDataToMP
setData to AppData
onHide,
onUnload
beforeMount
render
创建vm.$el
并用其替换“el”
mounted
beforeUpdate
当data
改变时
挂载完毕
虚拟DOM
重新渲染
并更新应用
当调用
vm.$destroy()时
updated
patch
before Destroy
解除绑定销毁
子组件及其事
件监听器
destroyed
销毁完毕

图 2.14　生命周期图

该生命周期需要注意以下几点：

（1）created()方法：写在created()方法中的内容，会在程序初始化时提前执行。

（2）小程序页面切换后，不会触发beforeDestroy()和destroyed()方法。

（3）对于data内定义的数据，在页面重新切换回来时，没有重新执行初始化操作。此问题是由于页面在切换后，被切换页面没有被销毁，导致数据未被重置。对于该问题，可以通过小程序的页面生命周期函数onUnLoad()进行处理。

mpvue在使用过程中，与Vue基本相同，但有部分差异需要注意：

（1）完全不支持过滤器，filters()函数内定义的过滤器全都无法使用，并且全局的过滤器也无法使用。

（2）不支持在<template>内使用methods内的函数。

（3）不支持复杂的class和style绑定。

（4）不支持在组件上绑定class和style。

（5）原生的事件处理将bind前缀修改为@。

2.3.3 mpvue实践

根据2.3.1节的方法，选择默认插件安装，然后安装导航插件<mpvue-router-patch>和CSS预处理器<sass-loader>、<node-sass>。导航插件需要在生产环境安装，因此安装到dependencies模块内，sass-loader、node-sass插件用于预编译语言，只需要在开发阶段使用，因此安装到devDependencies模块内。安装命令如下：

```
npm install mpvue-router-patch --save
npm install sass-loader node-sass --save-dev
```

注意：node-sass某些依赖源在国外，首次安装可能会很慢，可以使用2.2.1节的方法，临时指定淘宝源完成安装，命令如下：

```
npm install sass-loader node-sass --save-dev --registry=https://registry.npm.taobao.org
```

安装完成后，打开项目/src/App.vue文件，在style标签上加入代码lang="scss"，声明CSS使用scss语法，加入位置如图2.15所示。

```
<style lang="scss">
.container {
  height: 100%;
  display: flex;
  flex-direction: column;
  align-items: center;
  justify-content: space-between;
  padding: 200rpx 0;
  box-sizing: border-box;
}
```

图2.15　声明scss语法

执行npm run dev命令，运行项目。但是在某些场景下，会出现如图2.16所示的报错信息，提示该方法不存在，此时可以降低sass-loader插件的版本。打开根目录下package.json文件，可以查看当前已经安装的sass-loader版本信息，通过执行如下命令将其降低为7.3.1版本。

```
npm install sass-loader@7.3.1 --save-dev
```

如果安装后，在使用过程中，出现类似图2.17所示报错信息，证明node-sass和sass-loader安装失败，可以先将插件卸载后，重新通过上述命令安装，但是不要指定淘宝源，直接使用默认源安装。

```
error in ./src/App.vue

Module build failed: TypeError: this.getResolve is not a function
    at Object.loader (/Users/zhang/project/bookdemo/blogDemo/node_modules/sass-loader/dist/index.js:52:26)

 @ ./node_modules/extract-text-webpack-plugin/dist/loader.js?{"omit":1,"remove":true}!./node_modules/vue-s
:false}!./node_modules/mpvue-loader/lib/style-compiler?{"vue":true,"id":"data-v-5a9d257a","scoped":true,"h
pxUnit":0.5}!./node_modules/postcss-loader/lib?{"sourceMap":true}!./node_modules/sass-loader/dist/cjs.js?{
=styles&index=1!./src/App.vue 4:14-517
 @ ./src/App.vue
 @ ./src/main.js
```

图 2.16 报错信息

```
This dependency was not found:

* !!vue-style-loader!css-loader?{"minimize":false,"sourceMap":false}!../../node_modules/vue-loader/lib/style-c

To install it, you can run: npm install --save !!vue-style-loader!css-loader?{"minimize":false,"sourceMap":fal
```

图 2.17 报错信息

处理完报错信息后，基本工作准备完成。下面简单介绍在后续案例中，两个常用插件的使用方法。

mpvue-router-patch 插件属于第三方开源插件，该插件可以在 mpvue 中使用 vue-router 语法完成小程序内页面跳转。该插件是对小程序页面跳转 API 的进一步封装，让语法更加接近 vue-router。在实际开发过程中，对于熟悉 Vue 的开发者可以安装该插件；如果熟悉原生语法，也可以直接使用原生语法完成开发，二者并不冲突。本案例内，均采用 mpvue-router-patch 插件提供的语法完成页面跳转功能。

mpve-router-patch 使用简单，安装完成后，找到项目内的{$home}/src/main.js 文件。在该文件中初始化插件，并且挂载到全局。引入代码如下：

```
main.js
import Vue from 'vue'
import MpvueRouterPatch from 'mpvue-router-patch'
Vue.use(MpvueRouterPatch)
```

上述代码，引入该插件，然后调用 Vue.use()方法，将插件挂载到全局。后续页面，可以在访问到 Vue 实例的地方访问该插件。插件相关属性及说明如下：

router 实例属性说明如表 2.5 所示。

表 2.5 router 实例属性说明

属　　性	说　　明
$router.app	当前页面的 Vue 实例
$router.mode	路由模式，默认 history
$router.currentRoute	当前路由的路由信息对象，等价于$route

router 方法说明如表 2.6 所示。

表 2.6 router方法说明

方法名	说明
$router.push(location, onComplete?, onAbort?, onSuccess?)	跳转到应用内的某个页面。mpvue.navigateTo、mpvue.switchTab及mpvue.reLaunch均通过该方法实现。 location参数支持字符串及对象两种形式，跳转至tabBar页面或重启至某页面时必须以对象形式传入
$router.replace(location, onComplete?, onAbort?, onSuccess?)	关闭当前页面，跳转到应用内的某个页面。 相当于mpvue.redirectTolocation参数，格式与$router.push相似，不支持isTab及reLaunch属性
$router.go(n)	关闭当前页面，返回上一页面或多级页面，n为回退层数，默认值为1
$router.back()	关闭当前页面，返回上一页面

注：?字段代表选填。

在使用过程中，以push()方法为例，使用语法如下：

```
// 字符串
router.push('/pages/news/detail')
// 对象
router.push({ path: '/pages/news/detail' })
// 带查询参数，变成 /pages/news/detail?id=1
router.push({ path: '/pages/news/detail', query: { id: 1 } })
// 切换至 tabBar 页面
router.push({ path: '/pages/news/list', isTab: true }
// 重启至某页面，无须指定是否为 tabBar 页面，但 tabBar 页面无法携带参数
router.push({ path: '/pages/news/list', reLaunch: true })
```

使用语法基本与Vue-router类似。通过该方法可以快速完成页面跳转工作。下面简单介绍路由信息对象（$route），通过该对象，可以获取路由跳转时的基本信息，包括传递的相关参数等内容，具体属性如表2.7所示。

表 2.7 route属性

属性	说明
$route.path	字符串，对应当前路由的路径，总是解析为绝对路径，如/pages/news/list
$route.params	空对象，小程序不支持该属性
$route.query	一个key/value对象，表示URL查询参数。例如，对于路径/pages/ szsssnews/detail?id=1，$route.query.id == 1。如果没有查询参数为空对象
$route.hash	空字符串，小程序不支持该属性
$route.fullPath	完成解析后的URL包含查询参数和hash的完整路径
$route.name	当前路由的名称，由path转化而来

Sass属于CSS的扩展，在CSS语法的基础上，新增加变量（variables）、嵌套规则（nested rules）、混合（mixins）和导入（inline imports）等功能。通过更加优雅的方式书写CSS代码，增加CSS代码书写的灵活性。关于Sass相关语法，可以参看Sass中文文档：https://www.sasscss.com/docs/。虽然Sass语法较多，但在案例内，使用的Sass语法均比较基础，例如，变量、嵌套、混合等。

Sass 共有两种语法格式：SCSS 格式和 Sass 格式。SCSS 格式与原生 CSS 格式接近，该格式的文件以.scss 文件扩展名结尾。该风格书写 CSS 样式如下：

```
<style lang="scss">
    .demo-container{
        background-color: #fff;
        /* 样式嵌套 */
        .demo-wrap__item{
            font-size: 12rpx;
    }
}
</style>
```

Sass 风格更加简单，该格式的文件以.sass 文件扩展名结尾。该风格书写样式如下：

```
<style lang="scss" scoped>
    .demo-container
    background-color: #fff
    /* 样式嵌套 */
    .demo-wrap item
    font-size: 12rpx
</style>
```

这种书写方式更加简洁，但不利于阅读。对于不同的书写风格，可以根据自身喜好选择。上述 CSS 样式解析到浏览器中，会变为如图 2.18 所示样式：

通过图 2.18 可以看出，虽然在写样式时，二者属于嵌套关系，但是在插件解析后，在浏览器中变为正常的 CSS 写法。在上述代码中，可以观察到在 style 标签内添加了 scoped 属性，该属性为 Vue 内预设属性，通过该属性，可以将 CSS 样式限定到局部使用，添加 scoped 后，会在当前样式上，生成唯一的标识。避免多个页面 CSS 样式重叠。后续案例内的样式，除全局公共样式，均会添加该属性。添加该属性后，解析到浏览器中，样式如图 2.19 所示。

```
.demo-container .demo-wrap__item {
  font-size: 12rpx;
}
```

图 2.18 解析 CSS 样式

```
.demo-container .demo-wrap__item.data-v-6f4f9e7a
  font-size: 12rpx;
}
```

图 2.19 scoped 样式

完成插件安装后清理无用文件：

（1）删除/src/pages/目录下的全部文件。

（2）清除/src/app.json 中 pages 对象中的内容。

注意：为方便新建页面，可以直接修改/src/pages/index/index.vue 文件，保留 main.js 文件。

在 mpvue 中，页面由 index.vue、main.js 和 main.json 三个文件组成，其中 index.vue 和 main.js 为必需文件。相关文件说明如表 2.8 所示。

表 2.8 文件说明

文 件 名	说 明
index.vue	代码编写文件

续表

main.js	页面挂载文件，非必要无须修改
main.json	局部页面配置文件，可用于修改导航栏等

小　结

本章简单介绍了小程序的基础语法及配置、Vue框架的基础语法及配置和mpvue框架的基础语法及配置。上述基础知识将贯穿全书，在后续章节学习过程中，如果对于某些知识点尚不清楚，可以回看相关知识点，加深对相关知识点的记忆和理解。从下一章开始将通过基础知识和案例的讲解，逐步完成项目的开发。

习　题

一、选择题

1. 小程序内必须放在项目根目录下的最小文件数为（　　）个。

   A. 1　　B. 2　　C. 3　　D. 4

2. mpvue中页面由（　　）个文件组成。

   A. 1　　B. 2　　C. 3　　D. 4

3. 检查Vue版本的命令为（　　）。

   A. vue-v　　B. vue--v　　C. vue-version　　D. vue--version

4. 下列对npm描述正确的是（　　）。

   A. 是命令行工具

   B. 是搭建交互式的脚手架工具

   C. 是一个JavaScript应用程序的静态模块打包工具

   D. 是同Node.js一同安装的包管理工具

5. 小程序工程目录结构文件中对应关系正确的是（　　）。

   A. utils文件夹：项目页面文件夹，用于存放开发者自己编写的页面

   B. pages文件夹：用于存放公共的工具类方法文件

   C. app.js文件：用于配置小程序全局逻辑方法

   D. app.json文件：用于配置小程序全局页面样式表

二、判断题

1. 微信小程序不设置AppID也可以开发。（　　）
2. 视图容器按使用习惯可以分为四类。（　　）
3. live-player组件用于实时音视频录制。（　　）
4. Vue组件可以全局注册或局部注册。（　　）
5. mpvue的生命周期共有12个。（　　）

三、填空题

1. mpvue是一个使用__________开发小程序的前端框架。

2. 小程序页面切换后，不会触发________和________方法。

3. ________、________、________、________ 4个文件是小程序主体组成部分，必须放在项目根目录下。

4. CommonJs规范提倡每个文件就是一个模块，有自己的________、________、________等，模块内的内容均为私有的，对外界不可见。

5. 视图容器按使用习惯可以分为________、________、________和________四类。

四、简答题

1. 简述微信小程序工程目录结构。

2. 简述Vue和mpvue的生命周期。

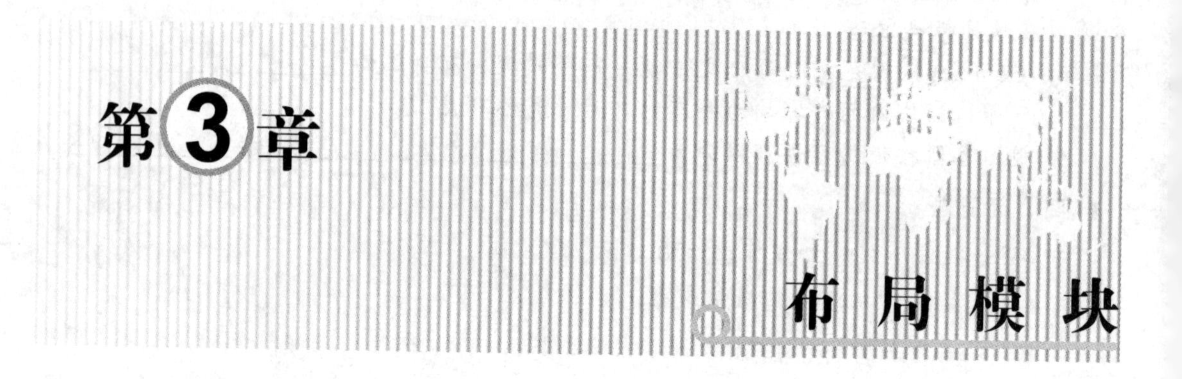

第3章 布局模块

3.1 模块概述

布局模块思维导图如图 3.1 所示。

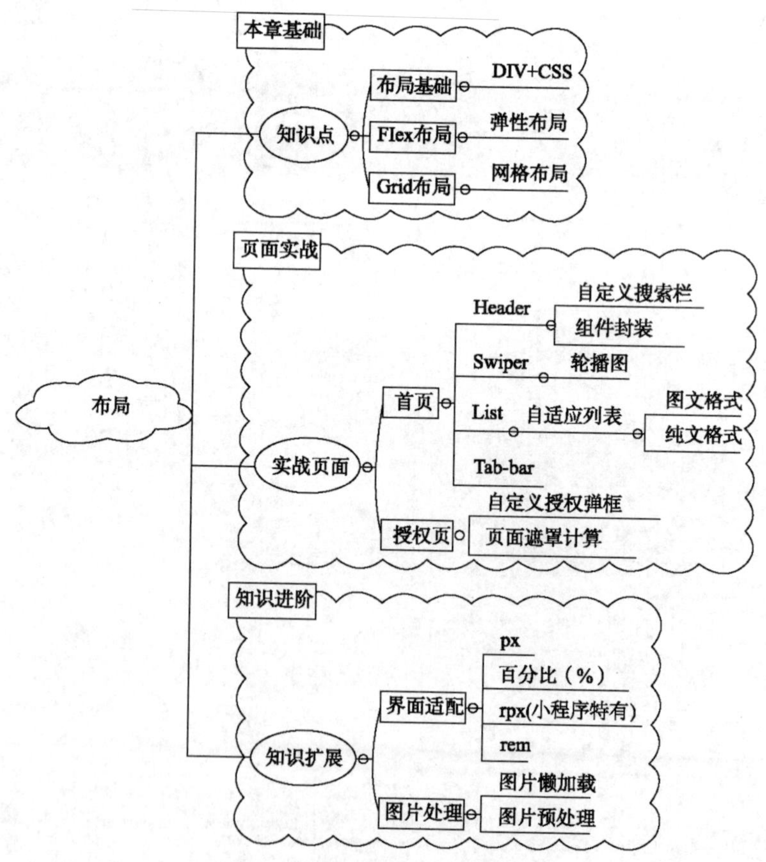

图 3.1 布局模块思维导图

本章主要讲解界面布局知识，通过构建项目的首页和登录页面让开发者掌握页面布局基础知识，具备独立搭建页面的能力。知识拓展部分，主要讲解布局的注意事项，并且通过界面适配案例和响应式布局案例讲解在实际开发过程中几种常用的适配方案和图片处理方案。

3.2　模块知识点

3.2.1　基础布局

1. 布局思考

DIV+CSS 是前端开发中常见的布局方式。使用 DIV+CSS 搭建静态页面需要开发者具备 HTML 5 和 CSS 3 相关知识。本节以简单的静态页面案例讲解 DIV 和 CSS 的使用，完成后的页面效果如图 3.2 所示。

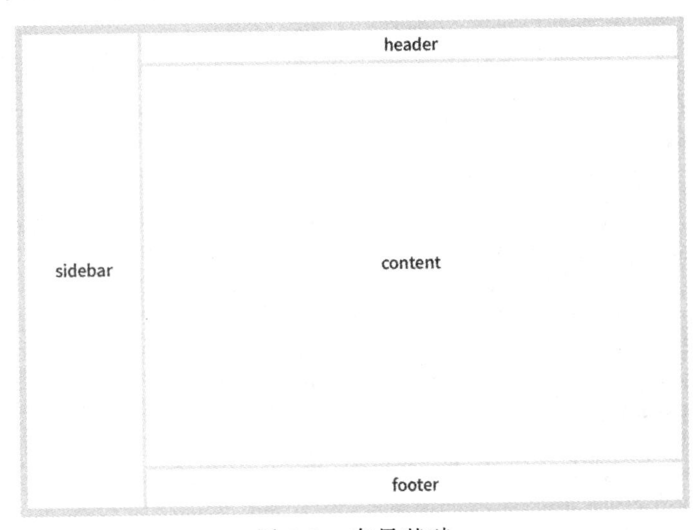

图 3.2　布局基础

由图 3.2 可知，页面内容分为 sidebar 和 main 两个主要区域。main 又分为 header、content、footer 三个子区域。这里将遵循从大到小、逐层细化的方式来构建该页面。

2. 布局设置

打开 VS code 新建 HTML 文件，完成页面骨架，代码如下：

```
<!DOCTYPE html>
<html>
  <head>
  </head>
  <body>
      // TODO
  </body>
</html>
```

完成骨架代码后，在 head 标签内添加如下信息：

（1）设置 meta 标签，让网页正常显示中文字符，代码如下：

```
<meta charset="utf-8">
```

（2）引入初始化 CSS 文件 reset.css，该文件编写的用于重置浏览器差异性的样式文件，可以在学习案例源代码内的 2-2-1 目录中获取，代码如下：

```
<link rel="stylesheet" href="./reset.css">
```

3. 页面主要区域

初始化工作完成后，将页面分为 siderbar 和 main 两个区域，代码如下：

```
<!doctype html>
<html>
  <head>
    <meta charset="utf-8">
    <title>布局基础</title>
    <link rel="stylesheet" href="./reset.css">
    <style>
      /* 基础样式 */
    </style>
  </head>
  <body>
    <div class="div-container">
      <div class="siderbar-wrap">
        sidebar
      </div>
      <div class="main-wrap">
        <div class="header">
          header
        </div>
        <div class="content">
          content
        </div>
        <div class="footer">
          footer
        </div>
      </div>
    </div>
  </body>
</html>
```

4. 构造 sidebar 区域

由图 3.1 可知，该页面属于典型的左右布局，sidebar 区域处于页面左侧，main 区域处于页面右侧。为了让两个区域能够处于同一排，样式代码如下：

```
.siderbar-wrap{
  float: left;
  width: 256px;
  height: 100vh;
  background: #fff;
  text-align: center;
  display: table;
  // 容器阴影，rgba 由红、黄、蓝、透明度构成
  box-shadow:2px 0px 6px 0px rgba(0,21,41,0.35);
}
```

```
// 设置文字样式
.sider-wrap .vertical-text{
  // 设置表格样式
  display: table-cell;
  // 文字垂直居中
  vertical-align: middle;
}
```

根据图 3.1 可知，sidebar 区域文字处于水平垂直居中。文字水平居中可以通过设置 text-align 属性为 center 实现。在 CSS3 中有多种处理垂直居中的方式，此处采用第一种方式：通过设置父元素容器为表格样式（display:table），指定确切高度值（height），子元素设置 display 属性值为 table-cell，vertical-align 属性值为 middle 实现。

5. 构造 main 区域

由图 3.1 可知，main 区域位于页面右侧包括 header、content 和 footer 3 个子区域，属于标准的文档流（默认）布局。样式代码如下：

```
.main-wrap{
  float: right;
  // 计算宽度
  width: calc(100%-256px);
  height: 100vh;
}
```

在上述样式代码中将 siderbar 区域设置为左浮动，main 区域设置为右浮动。为了避免相互覆盖，通过 calc()函数设置 main 区域宽度，让两个区域保持在同一水平位置。calc()函数用于简单的计算，支持百分比与 px 混合使用。

在设置高度属性时采用相对视口单位 vh。视口是指浏览器可视区域，vh 将浏览器分为 100 份。例如，若浏览器可视区域为 100 px，则 1 vh=1 px。

注意：calc()函数和 vh 单位，均为 CSS3 新属性，在实际项目中应当注意兼容性问题。

main 区域样式设置完成后，设置 header 区域样式，样式代码如下：

```
.content-wrap .header{
  height: 64px;
  line-height: 64px;
  text-align: center;
  background-color: #fff;
}
```

此处使用第二种垂直居中处理方式：通过设置 line-height 与 height 的属性值相同，使文字的高度和列高相同，从而实现文字垂直居中显示。该方法只适用于文字处于同一排，并且只能设置文字垂直居中。

6. 构造 content 区域

设置 content 区域，样式代码如下：

```
.content-wrap .content{
  margin: 8px 0;
  height: calc(100vh-160px);
  background-color: #fff;
```

```
    text-align: center;
    /* 设置为盒模型样式 */
    display: box;
    display: -moz-box;
    display:-webkit-box;
    box-align: center;
    box-pack: center;
    /* 设置垂直居中 */
    -moz-box-align:center;
    -moz-box-pack:center;
    -webkit-box-align:center;
    -webkit-box-pack:center;
}
```

此处使用第三种垂直居中方案，通过设置display属性为box、box-align属性为center和box-pack属性为center达到水平垂直居中效果。为了考虑兼容性问题，需添加浏览器私有前缀。

7. 构造footer模块

设置footer区域，样式代码如下：

```
.content-wrap .footer{
  height: 80px;
  background-color: #fff;
  position: relative;
}
.footer-text{
  position: absolute;
  top: 50%;
  left: 50%;
  transform:translate(-50%, -50%);
}
```

此处使用第四种垂直居中方案，通过设置父元素为相对定位、子元素相对父元素绝对定位，调整top和left属性让元素垂直居中。此处通过设置transform属性为translate()，调整元素向左、上平移元素宽高的一半，让元素处于居中位置。在第4章动画模块会对该属性进行详细讲解。

注意： transform属性也是CSS3新增加的属性，常用于动画效果。

3.2.2 Flex布局

1. 认识Flex布局

Flex是Flexible Box的缩写，又称弹性布局，是W3C提出来的新布局方案。通过Flex布局，可以快速、简单地搭建响应式布局，目前Flex已经成为主流布局方案。小程序中，默认且推荐的方案是Flex布局。

Flex布局的知识点如下：

若元素的display属性设置为flex，则被称为 Flex 容器。容器内所有的子元素称为容器成员。Flex布局中最核心的概念是容器和轴（主轴，交叉轴）。

容器上共有 6 个属性：

（1）flex-direction 属性：设置容器 flex-direction 属性，决定主轴的方向，共有 4 个属性值：row、row-reverse、column、column-reverse，每个属性值效果如图 3.3 所示：

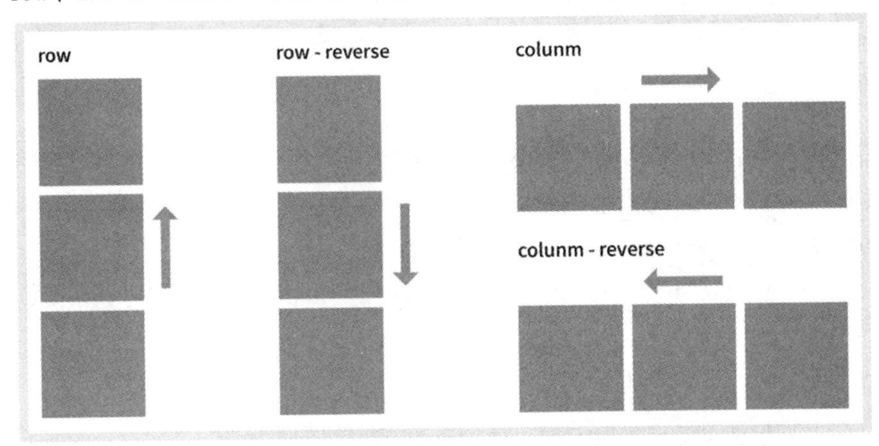

图 3.3 flex-direction 属性

（2）flex-wrap 属性：设置容器 flex-wrap 属性，决定容器成员排列方式，共有 3 个属性值：nowrap、wrap、wrap-reverse，如图 3.4 所示。

- flex-wrap: nowrap（不换行，默认）。
- flex-wrap: wrap（换行，第一行在上方）。
- flex-wrap: wrap-reverse（换行，第一行在下方）。

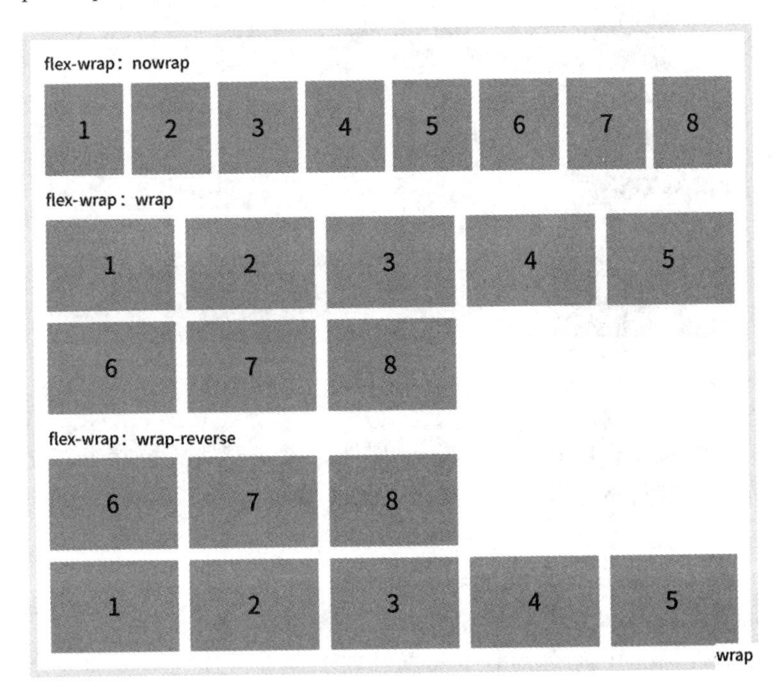

图 3.4 flex-wrap 属性

（3）flex-flow 属性：此属性是上述两个属性（flex-dircetion、flex-wrap）的简写形

式。语法形式如下：

```
flex-flow: <flex-direction> || <flex-wrap>
```

（4）justify-content 属性：设置 justify-content 属性，决定容器成员在容器主轴上的对齐方式，共有 5 个属性值：flex-start、flex-end、center、space-between、space-around，如图 3.5 所示。

- justify-content：flex-start（居左对齐，默认）。
- justify-content：flex-end（居右对齐）。
- justify-content：center（居中对齐）。
- justify-content：space-between（居两侧对齐）。
- justify-content：space-around（居两侧对齐，相较两侧有间隙且间隙为容器成员间间隔的一半）。

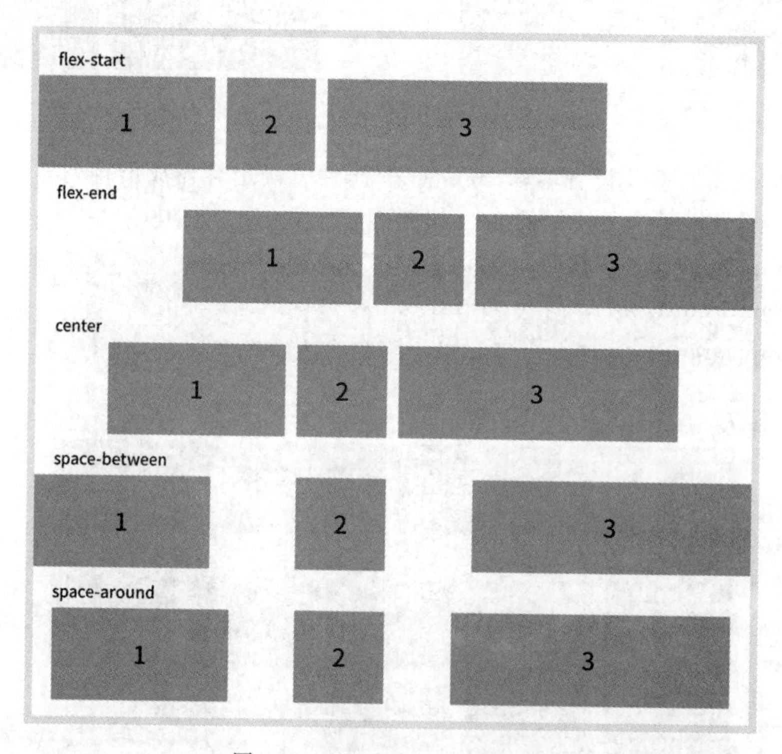

图 3.5 justify-content 属性

（5）align-items 属性：设置 align-items 属性，决定容器成员在容器交叉轴（垂直方向）上的对齐方式，共有 5 个属性值：flex-start、flex-end、center、baseline、stretch，如图 3.6 所示。

- align-items：flex-start（居交叉轴起始点对齐）。
- align-items：flex-end（居交叉轴结束点对齐）。
- align-items：center（居交叉轴中部点对齐）。
- align-items：baseline（居基线对齐）。
- align-items：stretch（拉伸至与容器高度一致，默认）。

注意：此处基线对齐是指首行文字，即可以理解为基于首行文字的基线对齐。

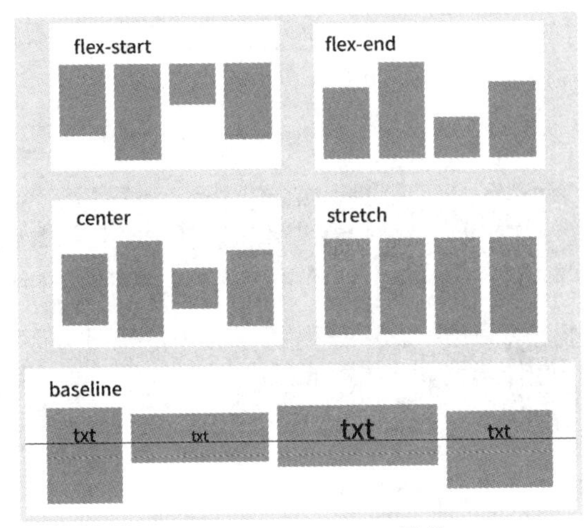

图 3.6　align-items 属性

（6）align-content 属性：通过设置 align-content 属性，决定容器在多根轴线上的对齐方式。如果只有一根轴线，则该属性无效。该属性共有 6 个属性值：flex-start、flex-end、center、stretch、space-between、space-around。

- align-content: flex-start（居交叉轴起始点对齐）。
- align-content: flex-end（居交叉轴结束点对齐）。
- align-content: center（居交叉轴中部点对齐）。
- align-content: stretch（轴线占满整个交叉轴，默认值）。
- align-content: space-between（居交叉轴两端对齐）。
- align-content: space-around（轴线与边框有间隔，且比轴线间的间隔小一半）。

上述 6 个属性为容器使用，下面将会继续讲解容器成员所涉及的 6 个属性。

（1）order 属性：通过 order 属性决定容器成员的排列顺序，值越小越排在前面，属性值为<integer>，如图 3.7 所示。

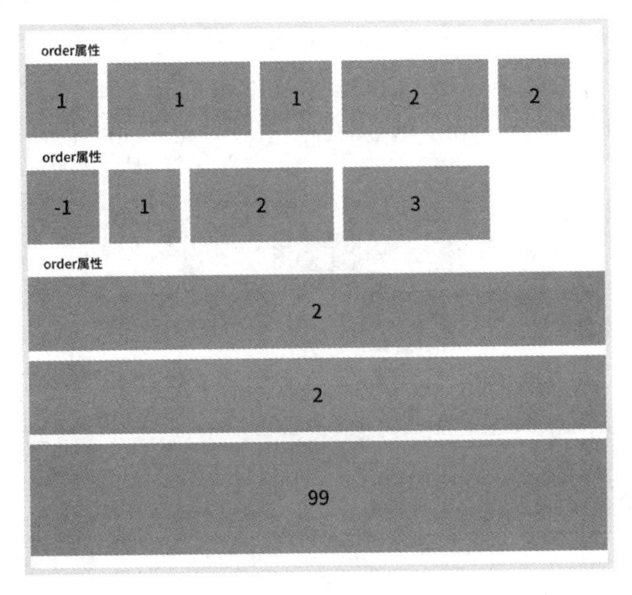

图 3.7　order 属性

（2）flex-grow 属性：设置 flex-grow 属性决定项目的放大比例。默认值为 0，属性值为<number>，如图 3.8 所示。

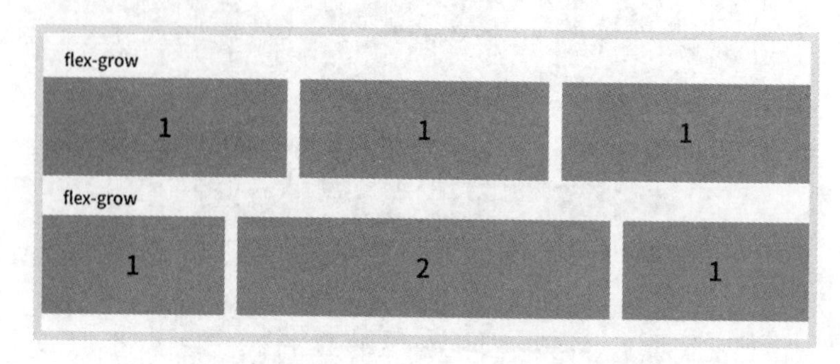

图 3.8　flex-grow 属性

（3）flex-shrink 属性：设置 flex-shrink 属性决定项目的缩小比例，默认值为 1，属性值为<number>，如图 3.9 所示。

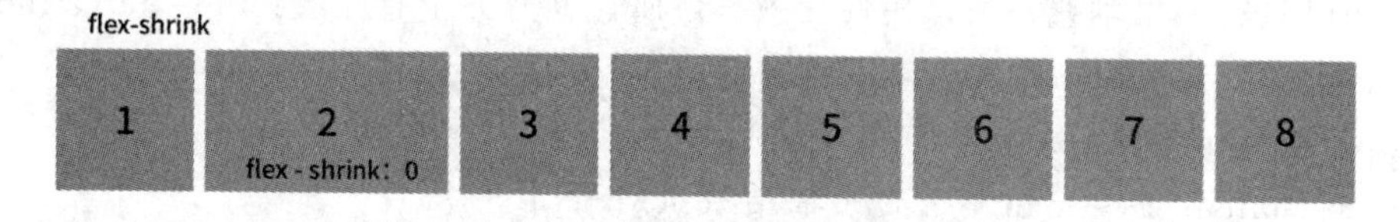

图 3.9　flex-shrink 属性

（4）flex-basis 属性：设置 flex-basis 属性决定容器成员的基准大小，属性值为<length>|auto。

注意：通过该属性可以决定容器成员在主轴空间内占据的固定值。

（5）flex 属性：它是 flex-grow、flex-shrink 和 flex-basis 三个属性的简写方式，属性值为 none、[<flex-grow> <flex-shrink>? || <flex-basis>]。

注意：flex 属性的默认值为 0、1、auto，并且后面两个属性可选。

（6）align-self 属性：通过此属性决定单个容器成员对齐方式。该属性会覆盖 align-items 属性，属性值为 auto、flex-start、flex-end、center、baseline、stretch，如图 3.10 所示。

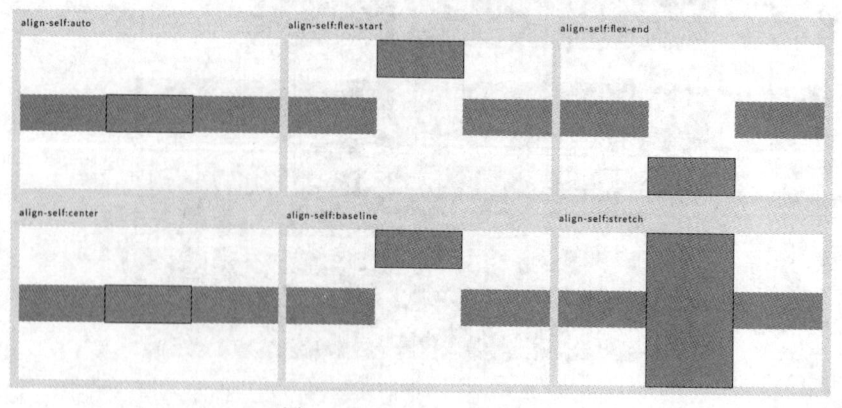

图 3.10　align-self 属性

注意：该属性的属性值效果，与 align-items 属性完全一致。

2. flex 布局的应用

此处复用 3.2.1 节的代码（无样式），通过 flex 布局构建页面，比较二者在布局方面的差异，掌握 flex 布局的使用。

通过设置 display 属性为 flex 实现容器元素自适应排列，打破文档流布局。具体样式代码如下：

```
.div-container{
  display: flex;
  box-sizing: border-box;
}
/*分别设置左右容器样式，样式如下：*/
.siderbar-wrap{
  width: 256px;
  height: 100vh;
  flex-shrink: 0;
  display: inline-flex;
  align-items: center;
  justify-content: center;
  background: #fff;
  text-align: center;
  box-shadow:2px 0px 6px 0px rgba(0,21,41,0.35);
  margin-right: 6px;
}
.content-wrap{
  flex: 1;
  height: 100vh;
}
```

左侧区域.siderbar-wrap 占据 256 px 的宽度，设置 flex-shrink 属性为 0，表示不随容器大小改变；设置 display 属性值为 inline-flex，表示行内采用 flex 布局；设置 align-items 属性值为 center、justify-content 属性值为 center，让左侧区域内元素水平垂直居中。右侧区域设置 flex 属性值为 1，表示宽度自适应。经上述案例对比可以看出，Flex 布局相较于传统布局更加简单。

注意：使用 Flex 布局后，float、clear 和 vertical-align 属性会失效。

3.2.3 Grid 布局

1. 认识 Grid 布局

Grid 布局又称网格布局，将网页划分为网格，可以通过不同网格间的组合，完成复杂的页面布局，搭建出不同样式的网页。

Grid 布局中存在行和列。如果将 Flex 布局理解为一维布局，那么 Grid 布局可以理解为二维布局。因此，Grid 布局使用场景更多。

2. Grid 布局知识点

讲解 Grid 布局知识前，需要先熟悉 Grid 布局中的两个概念：单元格和网格线。

（1）单元格：行和列交叉区域，称为单元格，如图 3.11 所示。

图 3.11 单元格

（2）网格线：单元格边缘构成的行线和纵线，称为网格线，如图 3.12 所示。

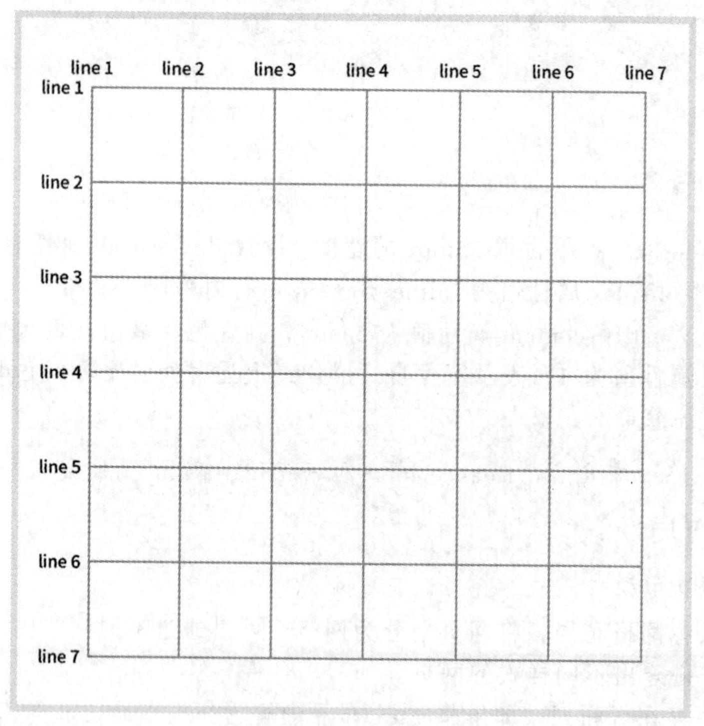

图 3.12 网格线

3. Grid 布局属性

（1）display 属性：指定容器布局类型。对应属性值如下：

- grid：指定容器采用网格布局。

- inline-grid：指定元素行内采用网格布局。
- grid-template-columns 和 grid-template-rows：指定列宽、行高。

样式代码如下：

```
.grid-container{
  display: grid;
  grid-template-columns: 100px 100px 100px;
  grid-template-rows: 100px 100px 100px;
}
```

注意：单位可以使用 px 和百分比。

上述样式代码声明了一个三行三列的网格，效果如图 3.13 所示。

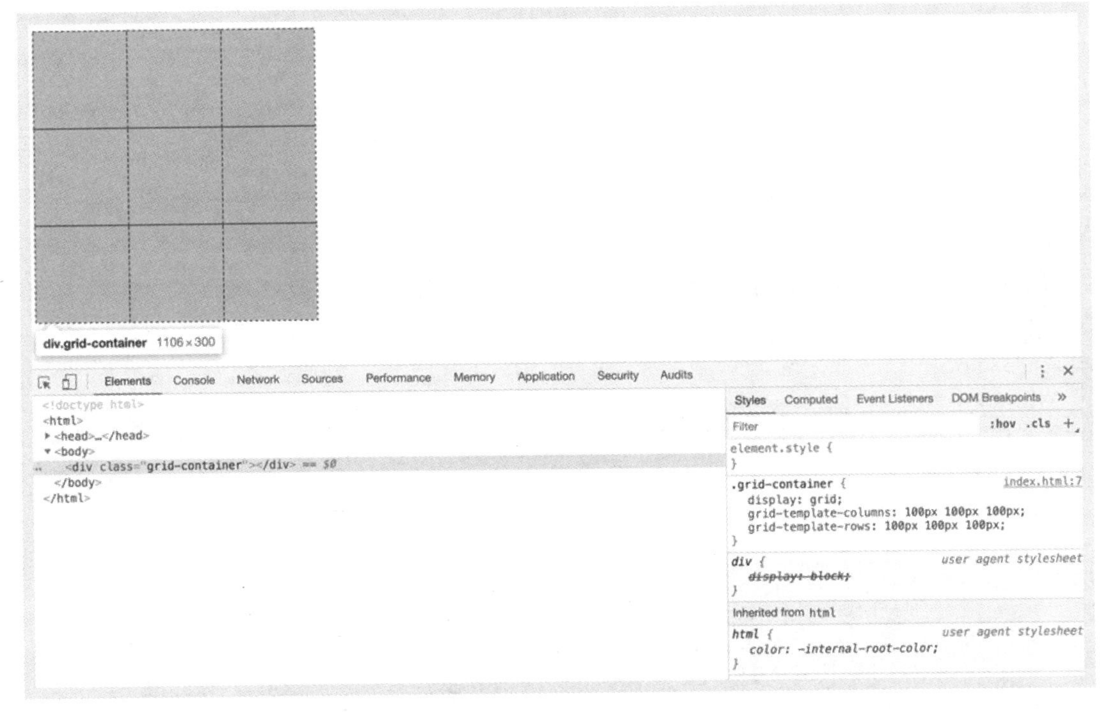

图 3.13　网格效果图

（2）repeat()函数：可以简化网格的行列书写形式，行列宽度相同时，可以使用该属性简写。样式代码如下：

```
.grid-container{
  display: grid;
  grid-template-columns: repeat(3,33.33%);
  grid-template-rows: repeat(3,33.33%);
  grid-template-rows: repeat(3,20px);
}
```

效果如图 3.14 所示。

根据上述代码可知，第 4 行和第 5 行样式重复设置，最终展示第 5 行代码执行结果。删除第 5 行代码，采用第四行代码运行时，页面内无法展示网格。因为 grid-container 容器默认无高度，想使用百分比表示列（rows），应当指定容器高度。

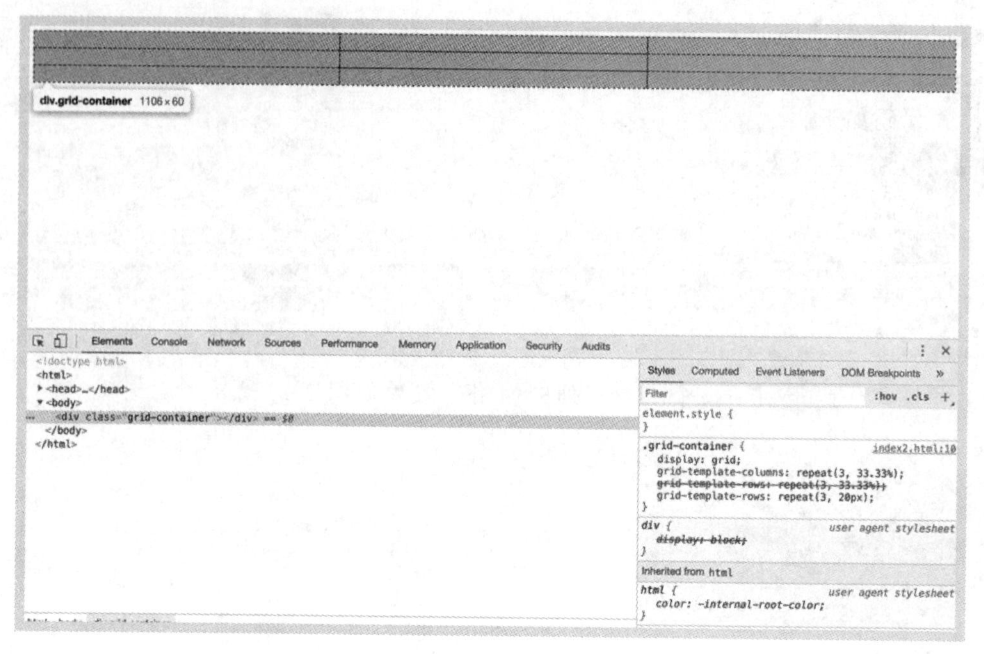

图 3.14　百分比效果图

（3）auto-fill 关键字：用于自动填充单元格，样式代码如下：

```
.grid-container{
  display: grid;
  grid-template-columns: repeat(auto-fill,100px);
  grid-template-rows: repeat(auto-fill,100px);
}
```

效果如图 3.15 所示。

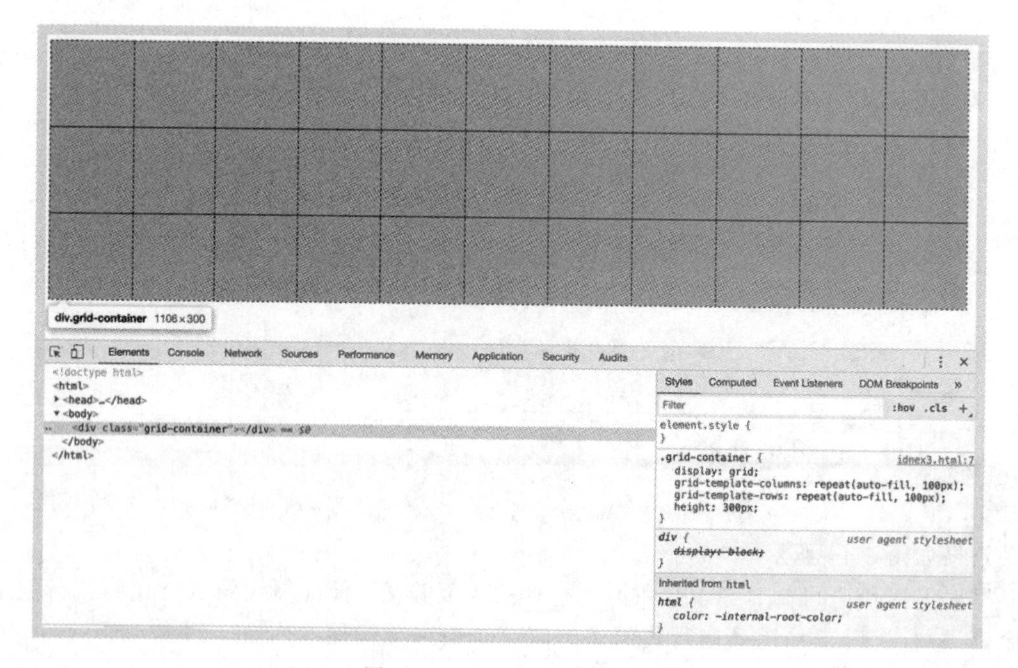

图 3.15　auto-fill 效果图

由图 3.14 可知，每个方格的宽高均为 100 px。将高度调整为 300 px，此时高度也是按照 100px 为一个节点进行分割。

（4）fr 关键字：用于表示 grid 中的比例关系，样式代码如下：

```
.grid-container{
  display: grid;
  grid-template-columns: 1fr 2fr;
}
```

效果如图 3.16 所示。

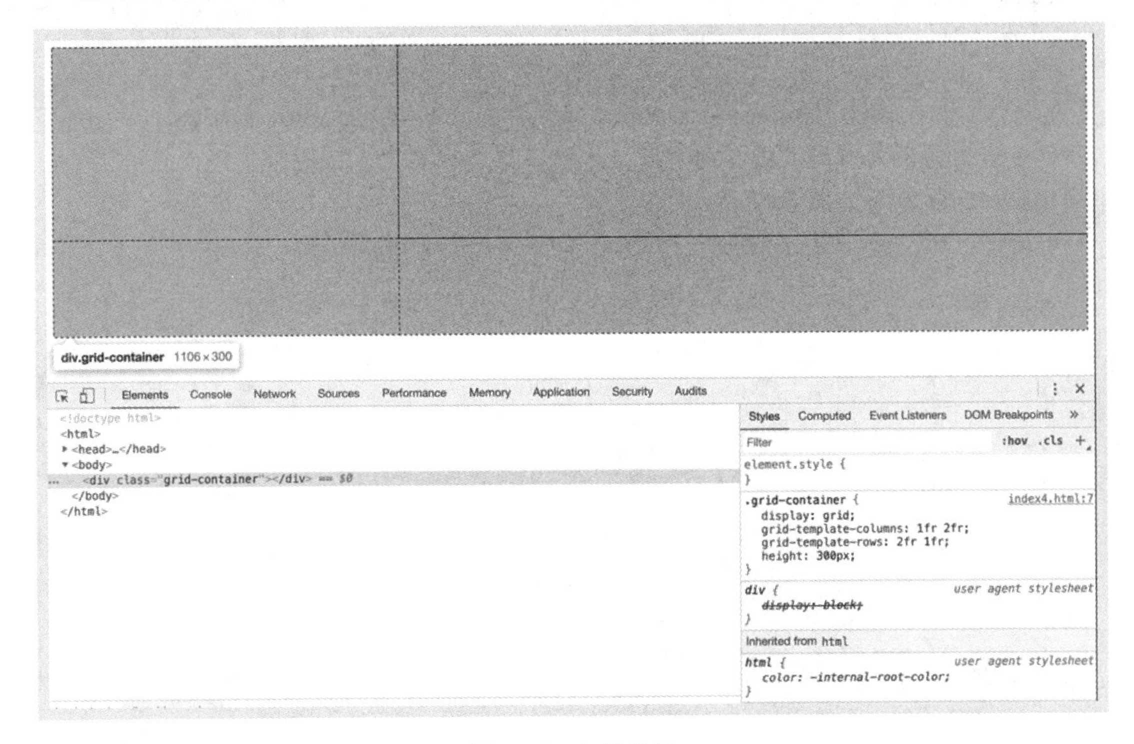

图 3.16　fr 效果图

由图 3.16 可知，容器根据设置的比例，对页面进行分割。

注意：fr 关键字可以 px 和百分比混合使用。

（5）minmax()函数：可以产生一个长度范围。接收最小值和最大值两个参数。代码如下：

```
grid-template-columns: 1fr 1fr minmax(100px, 1fr);
```

上述代码表示第三列的列宽不小于 100 px，不大于 1fr。

auto 关键字表示具体值由浏览器决定。代码如下：

```
grid-template-columns: 100px auto 100px;
```

上述代码表示第二列的宽度由浏览器动态分配大小。

grid-template-columns 和 grid-template-rows 属性内，可以使用[]指定网格线的名字，方便引用。样式代码如下：

```
.grid-container{
  display: grid;
  grid-template-columns: [c1] 100px [c2] 100px [c3] auto [c4];
```

```
  grid-template-rows: [r1] 100px [r2] 100px [r3] auto [r4];
}
```

4．Grid 布局的应用

此处复用 3.2.1 小节的代码（无样式），通过 Grid 布局构建页面，比较三者在布局方面的差异，掌握 Grid 布局的使用。

通过修改容器中的 display 属性值为 grid，该容器的布局即转变为 Grid 布局。样式代码如下：

```
.div-container{
 display: grid;
 grid-template-columns: 256px 1fr;
 box-sizing: border-box;
}
```

设置容器为两列布局，第一列宽度 256 px，第二列宽度自适应，其余代码引用基础布局代码。实际效果如图 3.17 所示。

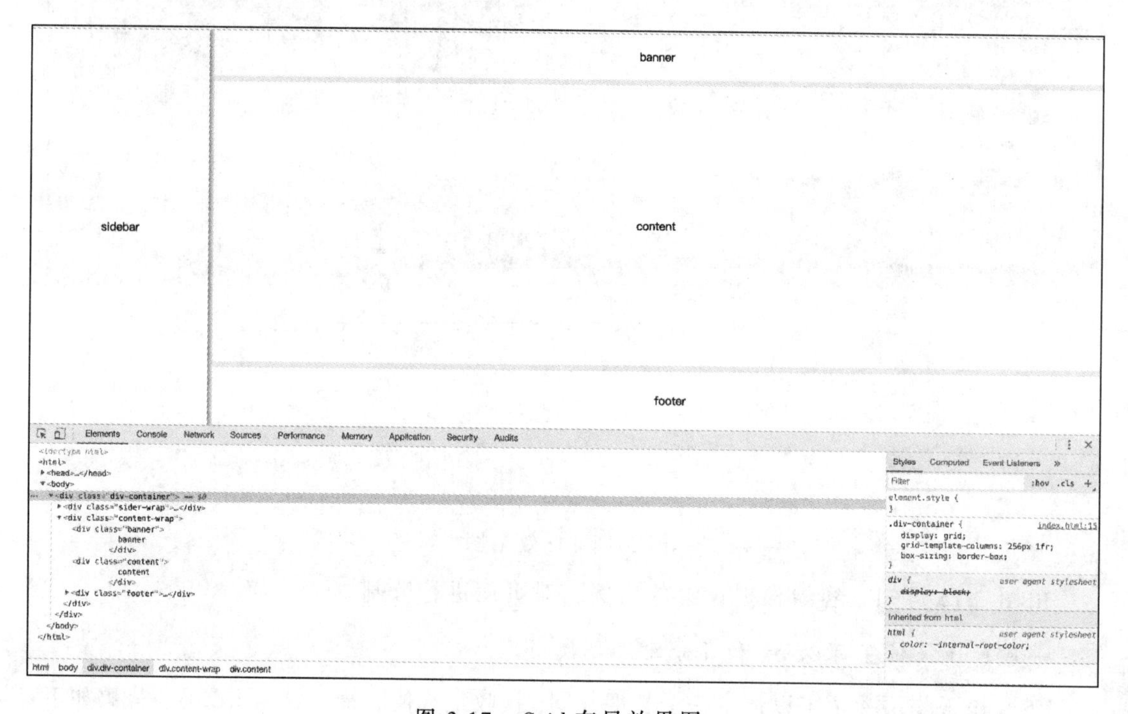

图 3.17　Grid 布局效果图

在 3 种布局样式中，基础布局应用场景最为广泛，兼容性最好。Flex 和 Grid 布局可以用更少的代码完成复杂的布局需求，但存在兼容性问题。Flex 布局可以方便灵活地完成行和列的布局。Grid 布局可以控制空间内每个元素的位置，相比 Flex 更加灵活。在实际开发过程中，开发者需要根据实际需求选择最适合的布局方式。

3.3　应 用 实 践

3.3.1　首页布局

下面开始案例的首页介绍，设计样式预览如图 3.18 所示。

布局分析：

分析图 3.18 可知，页面由 4 个模块组成，页面模块分解如图 3.19 所示。

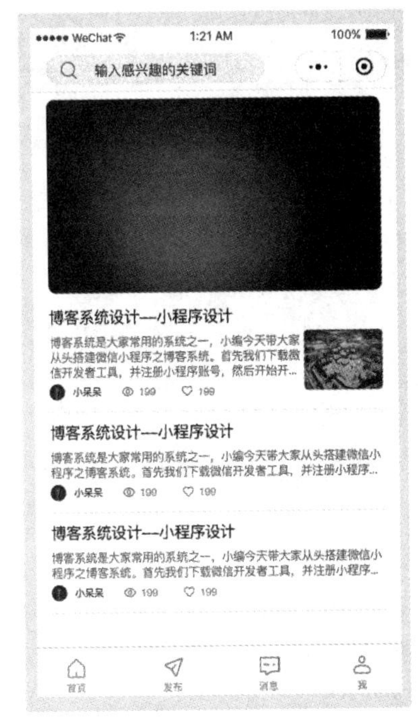

图 3.18　首页

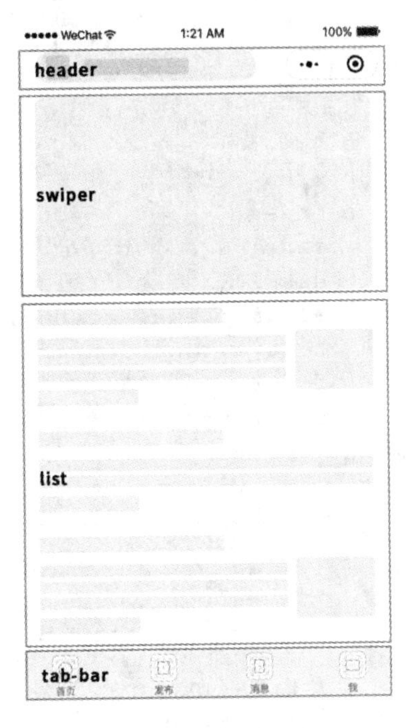

图 3.19　页面模块分解图

（1）header 模块：header 内含有搜索框，小程序原生的 header 无法满足当前需求，因此在开发时需要进行定制化开发，拆分 header 模块。通过自定义 header 组件样式实现沉浸式效果。

- 小程序开启沉浸式：在当前项目工程下新建文件/pages/home/main.json，设置 header 为沉浸式效果。代码如下：

```
{
    "navigationStyle": "custom"
}
```

此时页面占满整个屏幕。需要注意，自定义 header 时要将手机的状态栏预留出来，由于每个手机状态栏高度不同，可以通过微信小程序提供的“胶囊”位置（小程序官方称右上角按钮为胶囊）信息使用 JS 来计算 header 的实际高度。代码如下：

```
<template>
<div :style="'padding-top:'+navSignalTop+'px'" class="header-contai
ner"> </div>
<template>
```

- 通过 navBarTop()函数计算当前“胶囊”位置：

```
navBarTop(){
  const{ top, height }=wx.getMenuButtonBoundingClientRect()
  this.navSignalTop=top
  this.navHeight=height
}
```

- scss 样式设置如下：

```
.header-container{
  background-color: #fff;
  border-bottom: 1rpx solid#EBEBEB;
  padding-bottom: 14rpx;
  position: fixed;
  top: 0;
  width: 100%;
  z-index: 99;
  .header-wrapper{
    display: flex;
    align-items: center;
    text-align: center;
    font-size: 36rpx;
    color: #333;
    font-weight: bold;
    position: relative;
    .height-wrapper__back{
      flex-shrink: 0;
    }
    .height-wrapper__title{
      position: absolute;
      top: 50%;
      left: 50%;
      transform: translate(-50%, -50%);
    }
  }
}
```

header 模块主要使用 Flex 布局。在容器.header-container 中，设置 position 属性值为 fiexd，实现容器固定定位。在容器.header-wrapper 中，设置 display 属性值为 flex，实现容器 Flex 布局。

注意：在实际开发过程中，建议将常用功能封装成公共组件，便于复用和维护。以当前 header 模块为例,骨架代码如下：

```
<template>
  <div:style="'padding-top:'+ navSignalTop +'px'" class="header-container">
    <slot>
      <div :style="'height:'+ navHeight + 'px'" class="header-wrapper">
        <div class="height-wrapper__back" v-if="isBack">{{backTitle}}
</div>
        <div class="height-wrapper__title">{{title}}</div>
      </div>
    </slot>
  </div>
</template>
```

上述代码，使用<slot>定义 header 骨架，如果无自定义需求，则使用<slot>组件内定义好的样式；如果有新的自定义样式，则覆盖定义好的样式。

对页面样式控制，代码如下：

```
<script>
export default{
  props:{
    title:{
      type: String,
      default: '首页'
    },
    isBack:{
      type: Boolean,
      default: true
    },
    backTitle:{
      type: String,
      default: '返回'
    }
  },
  data(){
    return{
      navSignalTop: 0,
      navHeight: 0
    }
  },
  created(){
    this.navBarTop()
  },
  methods:{
    navBarTop(){
      const{ top, height }=wx.getMenuButtonBoundingClientRect()
      this.navSignalTop=top
      this.navHeight=height
    }
  }
}
</script>
```

上述代码，默认显示标题首页，可以退回上一级，显示返回标题。根据 getMenuButtonBoundingClientRect()方法，计算 header 组件相关的间距。

样式代码如下：

```
<style lang="scss" scoped>
.header-container{
  background-color: #fff;
  border-bottom: 1rpx solid#EBEBEB;
  padding-bottom: 14rpx;
  position: fixed;
  top: 0;
  width: 100%;
  z-index: 99;
  .header-wrapper{
    display: flex;
    align-items: center;
    text-align: center;
```

```
    font-size: 36rpx;
    color: #333;
    font-weight: bold;
    position: relative;
    .height-wrapper__back{
      flex-shrink: 0;
    }
    .height-wrapper__title{
      position: absolute;
      top: 50%;
      left: 50%;
      transform: translate(-50%, -50%);
    }
  }
}
</style>
```

开发完成的自定义 header 组件，均放在/src/components/CustomHeader 文件夹中。Header 组件内也支持相关配置，并可以通过 slot 传进自定义的样式，实现定制化开发。

（2）swiper 模块：采用微信小程序原生 swiper 组件实现轮播图效果。代码如下：

```
<div class="ptf-mall__wrapper" :style="'margin-top:' + (navHeight+ 40)
+ 'px'">
  <swiper
    :autoplay="true"
    :indicator-dots="false"
    :circular="true"
    class="ptf-mall__swiper">
    <swiper-item class="ptf-mall__swiperItem">
      <image :src="swiperCover" class="slide-image" />
    </swiper-item>
  </swiper>
</div>
```

注意：<swiper>和<swiper-item>均为小程序标准组件，因此在 mpvue 中可以直接调用。关于组件配置可以参考小程序官方文档 https://developers.weixin.qq.com/miniprogram/dev/component/swiper.html。

（3）list 模块：同样采用 Flex 布局。代码如下：

```
<div class="ptf-list__wrapper">
  <div class="list-item__title">标题</div>
  <div class="list-item__content">
    <div class="item-content__text">内容</div>
    <div class="item-content__cover">
      封面
    </div>
  </div>
  <div class="list-item__opera">
  文章数据
  </div>
</div>
```

列表从上往下分为 3 个小模块：标题、内容和数据。

容器.list-item__content 设置 display 属性值为 flex，实现左右布局。根据列表内是否存在封面，对列表内容部分做自适应处理，当存在封面时，内容部分自动压缩。关键样式代码如下：

```
.list-item__content{
  display: flex;
  align-items: center;
  .item-content__text{
    font-size:24rpx;
    font-weight:500;
    color:rgba(102,102,102,1);
    overflow: hidden;
    text-overflow: ellipsis;
    display: -webkit-box;
    -webkit-line-clamp: 3;
    -webkit-box-orient: vertical;
    width: 100%;
  }
  .item-content__cover{
    width: 160rpx;
    height: 120rpx;
    overflow: hidden;
    flex-shrink: 0;
    border-radius: 10rpx;
    &>img{
      width: 160rpx;
      height: 120rpx;
      border-radius: 10rpx;
    }
  }
}
```

容器.item-content__cover 设置宽度和高度限制内容。为避免 Flex 布局压缩右侧封面，可以通过设置 flex-shrink 属性值为 0，保证封面不被压缩。设置容器.item-content__text 的宽度为 100%，实现文字部分自适应。

（4）tab-bar 模块：通过微信小程序实现第三方配置。在项目/src/app.json 文件内，设置 tabbar 属性，可以生成相关的 tab-bar 选项。tab-bar 配置代码如下：

```
"tabBar": {
  "color": "#999",
  "backgroundColor": "#fafafa",
  "selectedColor": "#333",
  "borderStyle": "white",
  "list": [{
    "text": "首页",
    "pagePath": "pages/home/main",
    "iconPath": "static/tabs/home.png",
    "selectedIconPath": "static/tabs/home-active.png"
  },{
    "text": "发布",
    "pagePath": "pages/release/main",
    "iconPath": "static/tabs/home.png",
    "selectedIconPath": "static/tabs/home-active.png"
  },{
    "text": "消息",
    "pagePath": "pages/message/main",
```

```
        "iconPath": "static/tabs/home.png",
        "selectedIconPath": "static/tabs/home-active.png"
      }, {
        "text": "我的",
        "pagePath": "pages/me/main",
        "iconPath": "static/tabs/orders.png",
        "selectedIconPath": "static/tabs/orders-active.png"
      }],
      "position": "bottom"
    }
```

上述代码共配置 4 个选项，相关字段说明如表 3.1 所示。

表 3.1 配置字段说明

字 段 名	说 明
text	tab-item 文字内容
pagePath	tab-item 点中时，展示的页面路由
iconPath	tab-item 默认展示的图标
selectedIconPath	点中当前选项时，展示的选中样式

当前应用的 tab-bar 通过上述 4 个字段进行配置。

注意：引入图片和页面均需写成相对路径。引入外部图片时，需要将图片放置在外部 static 文件夹内，Webpack 打包时，会将此文件夹移动到打包后的文件中。若放到其他位置，可能会出现路径错误。

3.3.2 授权页布局

下面开始介绍案例的授权首页，设计样式预览如图 3.20 所示。

图 3.20 首页授权页

在小程序中，可以通过微信授权登录的方式替代传统的账号密码登录。对于授权登录的相关认证流程，可翻阅小程序文档。本节以前端视角讲解小程序授权登录的流程。由于微信授权登录时，要求用户单击授权按钮来获取登录信息，而小程序原生确认框无法获取登录信息，因此需要自定义确认框。该弹框已经作为组件封装到相关包当中，引入后即可使用。

为了实现在用户未登录的情况下，不展示首页信息的效果，这里使用一张图片充当首页，并且在图片上覆盖遮罩层，在遮罩层上弹出授权登录确认框。

实现逻辑简单梳理：背景图→遮罩层→确认框。代码如下：

```
<div :style="'padding-top:'+(navBarTop+4)+'px'" class="login-container">
  <img :src="loadingBg"/>
  <custom-mask>
    // 遮罩层内元素,该元素为确认值
  </custom-mask>
</div>
```

容器.login-container 内有<img>和<custom-mask>标签,在该容器的样式上，通过 padding-top 属性将容器向下偏移(navBarTop+4)px 的位置。

注意： navBarTop 用于获取“胶囊”与顶部的距离。以搜索框为起始点，将背景图下移“胶囊”的高度，即可让图片的搜索框与“胶囊”对齐。背景图片资源区域如图 3.21 所示。

图 3.21　背景图片资源区域

custom-mask 组件骨架，代码如下：

```
<template>
  <div class="mask-container">
```

```
      <slot>
        <div></div>
      </slot>
    </div>
  </template>
```

通过容器 mask-container 包裹一个<slot>标签，标签内有个无内容的<div>标签用于占位。<slot>是 Vue 内的插槽标签，充当内容占位符。遮罩层样式代码如下：

```
<style lang="scss" scoped>
  .mask-container{
    position: fixed;
    top: 0;
    width: 100%;
    height: 100%;
    z-index: 999;
    background-color: rgba(0, 0, 0, .2);
  }
</style>
```

设置容器.mask-container 为绝对定位，设置层级为 999，确保浮现在其他非原生组件之上，实现遮罩效果。

通过上述代码，已实现背景图→遮罩层的需求。

弹出框基于遮罩层实现，根据插槽的特性，该组件的内容会把<slot>标签替换掉，代码如下：

```
<custom-mask>
  <div class="login-wrapper">
    <div class="login-contaner__content">
      <div class="content-title">授权提醒</div>
      <div class="content-info">请授权登录，去发现优秀的文章</div>
    </div>
    <div class="login-contaner__button">
      <div class="button-item">取消</div>
      <button class="button-item content-confrim">立即授权</button>
    </div>
  </div>
</custom-mask>
```

将弹出框代码放到<custom-mask>组件内，让弹出框浮现在遮罩层内。

遮罩层样式代码如下：

```
.login-wrapper{
  width: 560rpx;
  height: 291rpx;
  background-color: #fff;
  position: relative;
  top: 50%;
  left: 50%;
  transform: translate(-50%, -50%);
  border-radius: 8rpx;
  .login-contaner__content{
    height: 200rpx;
    text-align: center;
```

```
    .content-title{
      padding: 30rpx 0;
      padding-top: 35rpx;
      font-size: 36rpx;
    }
    .content-info{
      color: #999999;
      font-size: 30rpx;
    }
  }
  .login-contaner__button{
    height: 91rpx;
    line-height: 91rpx;
    text-align: center;
    display: flex;
    align-items: center;
    align-content: space-between;
    .button-item{
      flex: 1;
      border-top: 1rpx solid #D2D3D5;
      border-right: 1rpx solid #D2D3D5;
      font-size: 36rpx;
      &:last-child{
        border-right: none;
      }
      &:active{
        opacity: .8;
      }
    }
    .content-confrim{
      color: #00c200;
      background-color: rgba(0, 0, 0, 0);
      padding: 0;
      border-radius: 0;
      height: 91rpx;
      line-height: 91rpx;
      &:after{
        display: none;
      }
    }
  }
}
```

此处需要注意弹出框相对屏幕位置居中，可以参照 3.2.1 节介绍的垂直居中实现，代码如下：

```
position: relative;
top: 50%;
left: 50%;
transform: translate(-50%,-50%);
```

完成后弹出框如图 3.22 所示。

图 3.22 弹出框

与图 3.20 对比，此处将底部导航栏一并遮住。这是因为在小程序当中基础组件不允许覆盖在原生组件之上，所以将底部导航栏进行隐藏处理。

3.4 知识拓展

3.4.1 界面适配

手机端和 PC 端作为前端应用主流的应用场景，在开发过程中都会涉及屏幕适配问题。“百分比+px”是 PC 端主流的适配方案，可以解决 PC 端的大部分适配问题。但是在手机端，使用“百分比+px”方案不能完美地还原 Web 页设计图，可以借助 rem 单位实现适配。在小程序端，可以借助 rpx 单位完成适配。

rpx 是小程序的特有单位，该单位值根据屏幕大小动态变化。rpx 与 px 之间的换算公式为：rpx = px * (目标设备宽 px 值 / 750)。iPhone 6 的屏幕宽度为 375 px，经公式推算可知，对于 iPhone 6 屏幕 1 rpx=0.5 px。官方推荐以 iPhone 6 作为视觉稿的标准，方便开发者可以根据设计稿定义每个元素的大小。

rem 是 CSS3 新增的单位，该单位值根据页面根节点（html）字体大小动态变化。根节点设置字体大小（font-size），该值即为 1rem 对应的像素值。例如，设计稿宽度为 750 px，设置根节点字体值为 100 px,则页面宽度可以表示为 7.5 rem。rem 使用原理简单，但是需要考虑 dpr(设备像素比)的影响。rem 的使用比较成熟的为手机淘宝的可伸缩布局方案(lib-flexible)。

3.4.2 响应式布局

响应式布局是 Ethan Marcotte 在 2010 年 5 月份提出的一个概念，它可以为不同终端的用户提供更加舒适的界面和更好的用户体验，让网站能够兼容多个终端，而不是为每个终端做一个特定的版本。这个概念是为解决移动互联网浏览而诞生的。

响应式布局可以使用<meta>标签结合 Media Query（媒介查询）完成，下面对响应式布局进行简单介绍：

1. meta 标签

在网页<head>标签内，使用 meta 标签，设置浏览器 viewport，代码如下：

```
<meta name="viewport" content="width=device-width,initial-scale=1,
maximum-scale=1, user-scalable=no">
```

其中，viewport 是浏览器用来显示网页的区域，分为三种：

（1）layout：viewport 是整个网页所占据的区域。

（2）visual：viewport 是网页在浏览器上的可视区域。

（3）ideal：viewport 是一个能完美适配移动设备的区域。

由于默认的 viewport 是 layout viewport，而移动设备的可视区域比 PC 端小，在移动设备上的字体会很小或出现横向滚动条。因此加入 meta 标签，使 viewport 的宽度变成 ideal viewport 的宽度，即防止横向滚动条出现。

注意：ideal viewport 没有固定的尺寸，不同的设备拥有不同的 ideal viewport，即屏幕的宽度。

viewport 属性说明如表 3.2 所示。

表 3.2 viewport 属性说明

属性	默认值	说明
width	Number/"width-device"	设置 viewport 的宽度
initial-scale	Float	页面初始缩放值
minimum-scale	Float	页面最小缩放值
maximum-scale	Float	页面最大缩放值
height	number	设置 layout viewport 高度
user-scalable	yes/no	是否允许用户进行缩放

2. 媒体查询

使用媒体查询，可以针对不同的媒体类型定义不同的样式，使用代码格式如下：

```
@media mediatype and|not|only(media feature){
    //CSS-Code;
}
```

mediatype 属性值及说明如表 3.3 所示。

表 3.3 mediatype 属性值说明

属性值	说明
all	用于所有设备
print	用于打印机或打印设备
screen	用于计算机屏幕、平板计算机和智能手机等
speech	应用于屏幕阅读器等发声设备

media feature 属性值及说明，如表 3.4 所示。

表 3.4　媒体功能属性值说明

属　性　值	说　　明
aspect-ratio	定义输出设备中的页面可见区域宽度与高度的比率
color	定义输出设备每一组彩色原件的个数。如果不是彩色设备，则值等于 0
color-index	定义在输出设备的彩色查询表中的条目数。如果没有使用彩色查询表，则值等于 0
device-aspect-ratio	定义输出设备的屏幕可见宽度与高度的比率
device-height	定义输出设备的屏幕可见高度
device-width	定义输出设备的屏幕可见宽度
grid	用来查询输出设备是否使用栅格或点阵
height	定义输出设备中的页面可见区域高度
max-aspect-ratio	定义输出设备的屏幕可见宽度与高度的最大比率
max-color	定义输出设备每一组彩色原件的最大个数
max-color-index	定义在输出设备的彩色查询表中的最大条目数
max-device-aspect-ratio	定义输出设备的屏幕可见宽度与高度的最大比率
max-device-height	定义输出设备的屏幕可见的最大高度
max-device-width	定义输出设备的屏幕最大可见宽度
max-height	定义输出设备中的页面最大可见区域高度
max-monochrome	定义在一个单色框架缓冲区中每像素包含的最大单色原件个数
max-resolution	定义设备的最大分辨率
max-width	定义输出设备中的页面最大可见区域宽度
min-aspect-ratio	定义输出设备中的页面可见区域宽度与高度的最小比率
min-color	定义输出设备每一组彩色原件的最小个数
min-color-index	定义在输出设备的彩色查询表中的最小条目数
min-device-aspect-ratio	定义输出设备的屏幕可见宽度与高度的最小比率
min-device-width	定义输出设备的屏幕最小可见宽度
min-device-height	定义输出设备的屏幕的最小可见高度
min-height	定义输出设备中的页面最小可见区域高度
min-monochrome	定义在一个单色框架缓冲区中每像素包含的最小单色原件个数
min-resolution	定义设备的最小分辨率
min-width	定义输出设备中的页面最小可见区域宽度
monochrome	定义在一个单色框架缓冲区中每像素包含的单色原件个数。如果不是单色设备，则值等于 0
orientation	定义输出设备中的页面可见区域高度是否大于或等于宽度
resolution	定义设备的分辨率，如 96 dpi、300 dpi、118 dpi
scan	定义电视类设备的扫描工序
width	定义输出设备中的页面可见区域宽度

媒体查询的媒体功能值较多，但是在响应式布局的开发过程中，使用较多的属性值为 max-width。通过该属性结合 meta 标签，即可快速实现响应式布局。

新建 html 文件，构建项目骨架，代码如下：

```
<!DOCTYPE html>
<html>
<head>
  <title>响应式布局</title>
  <meta charset="utf-8" />
  <meta name="viewport" content="width=device-width, initial-scale=1" />
  <link rel="stylesheet" type="text/css" href="./style.css">
</head>
<body>
  <div class="header">header</div>
  <div class="content">
    <div class="nav_left">navLeft</div>
    <div class="main">main</div>
    <div class="nav_right">navRight</div>
  </div>
  <div class="footer">footer</div>
</body>
</html>
```

上述代码分为三大模块：header、content 和 footer。其中，容器 content 内分为左、中、右布局。上述骨架设置样式，代码如下：

```
html,body{
    margin:0;
    padding:0;
}
body{
    background-color:#ebebeb;
}
.header,
.content,
.footer{
    margin-left:auto;
    margin-right:auto;
    margin-top:10px;
    text-align:center;
}
.header{
    height:100px;
    background-color:#fff;
    color:#333;
}
.nav_left,
.main,
.nav_right{
    background-color:#fff;
    color:#333;
}
.footer{
```

```
    height:100px;
        background-color:#fff;
        color:#333;
}
```

上述代码，设置完成基础样式后，借助媒体查询，将页面改造成响应式布局。样式格式如下：

```
@media screen and (min-width:960px){
  // 设备尺寸大于 960px 时使用该样式
}
@media screen and (min-width:600px) and (max-width:960px){
  // 设备尺寸介于 600px 与 960px 之间时使用该样式
}
@media screen and (max-width:600px){
  // 设备尺寸小于 600px 时使用该样式
}
```

根据上述设备尺寸设置样式，覆盖了手机、平板计算机、PC 端等屏幕，使用一套代码完成三端适配，完整样式代码如下：

```
@media screen and (min-width:960px){
    .header,
    .content,
    .footer{
        width:960px;
    }
    .nav_left,
    .main,
    .nav_right{
        float:left;
        height:400px;
    }
    .nav_left,
    .nav_right{
        width:200px;
    }
    .main{
        margin-left:10px;
        margin-right:10px;
        width:540px;
    }
    .content{
        height:400px;
    }
}
@media screen and (min-width:600px) and (max-width:960px){
    .header,
    .content,
    .footer{
        width:600px;
```

```
    }
    .nav_left,
    .main{
        float:left;
        height:400px;
    }
    .nav_right{
        display:none;
    }
    .nav_left{
        width:160px;
    }
    .main{
        margin-left:10px;
        width:430px;
    }
    .content{
        height:400px;
    }
}
@media screen and (max-width:600px){
    .header,
    .content,
    .footer{
        width:400px;
    }
    .nav_left,
    .nav_right{
        width:400px;
        height:100px;
    }
    .main{
        margin-top:10px;
        width:400px;
        height:200px;
    }
    .nav_right{
        margin-top:10px;
    }
    .content{
        height:420px;
    }
}
```

样式设置完成后 PC 端样式如图 3.23 所示。

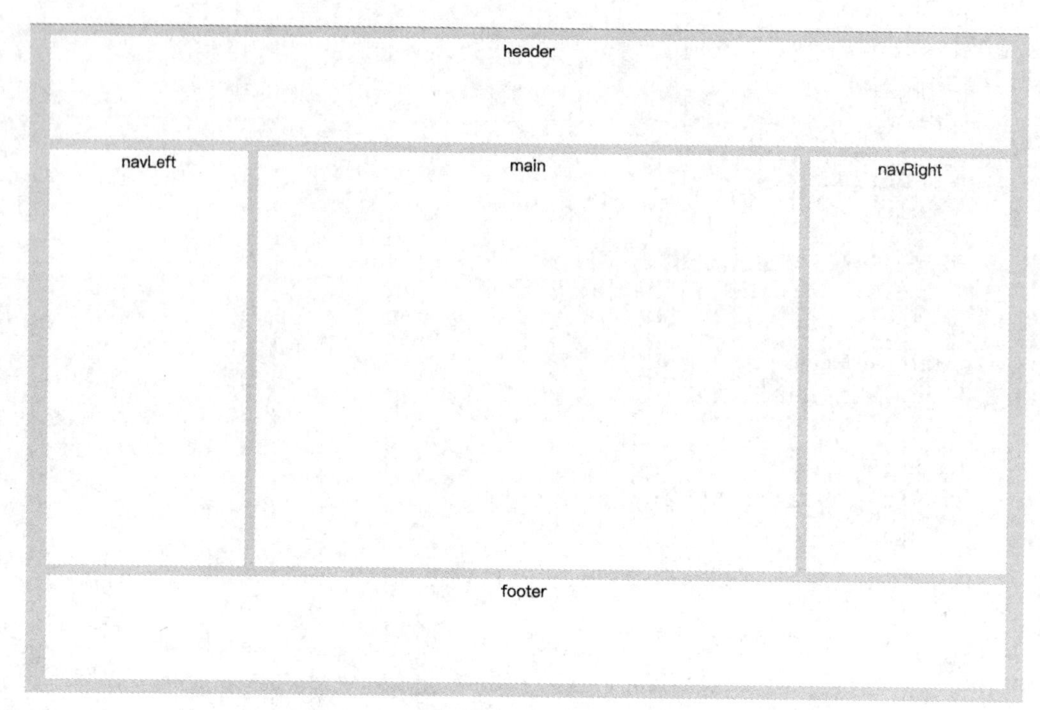

图 3.23　PC 端样式

使用浏览器模拟平板计算机，如图 3.24 所示。

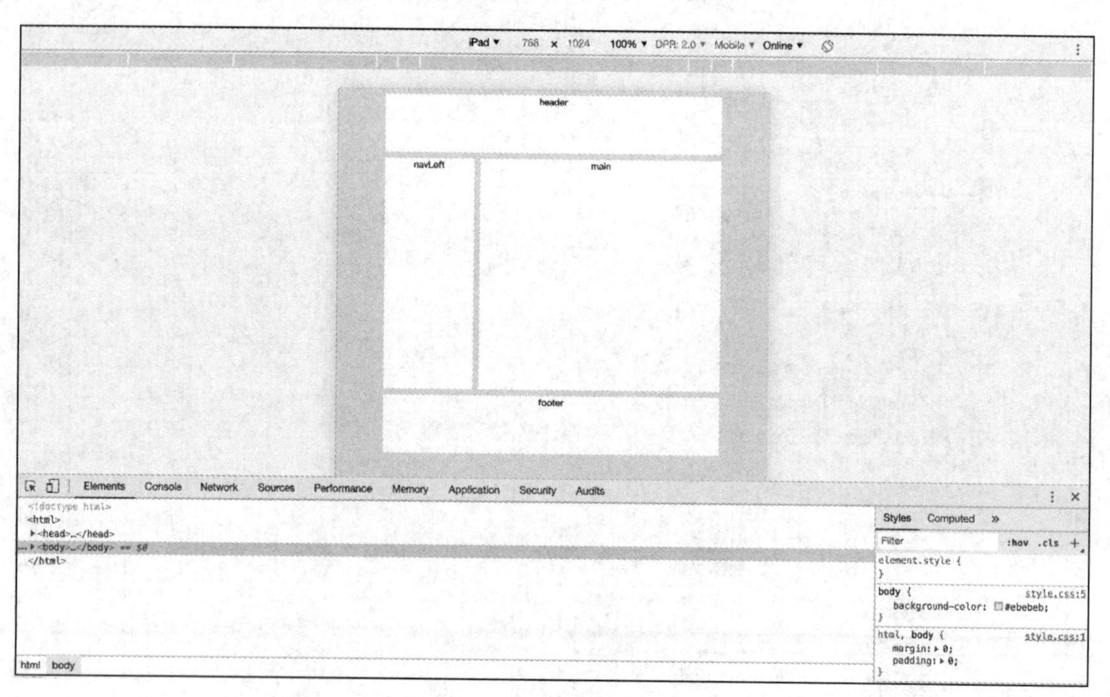

图 3.24　平板计算机样式

使用浏览器模拟手机端样式，如图 3.25 所示。

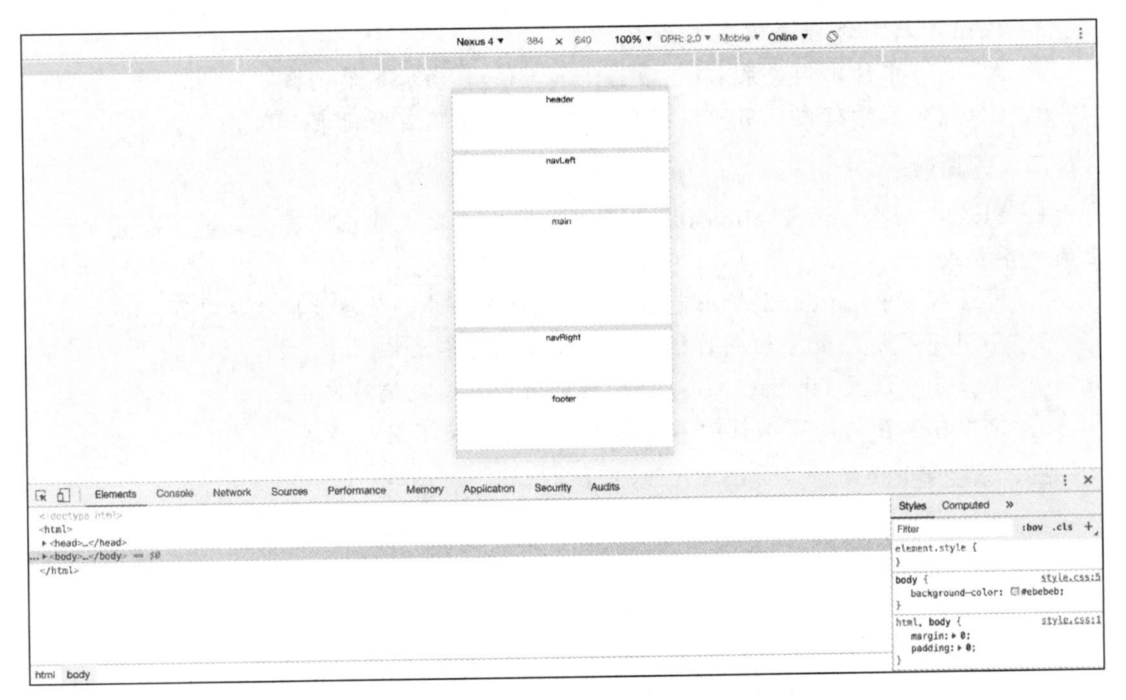

图 3.25　手机端样式

由此可知，运行一套代码，但是在不同的设备表现形式完全不同。上述适配过程，是响应式布局的一种使用方式，对于有响应式需求的页面，应该尽可能在设计阶段即完成不同设备的不同表现样式，达到多端完美适配的效果。

小　　结

本章主要讲解基础布局知识点，包括 Flex 和 Grid 布局。通过博客小程序中首页和授权页的实现来讲解布局知识点的使用，并且在应用实践部分进一步讲解布局的相关应用。本章的知识点属于构建前端应用的基石，后续页面布局均使用上述知识点。

习　　题

一、选择题

1. 本章共介绍（　　）个垂直居中方案。

   A. 1　　B. 2　　C. 3　　D. 4

2. Flex 被称为（　　）布局。

   A. 弹性　　B. 网格　　C. 固定　　D. 百分比

3. 小程序中特有的单位是（　　）。

   A. px　　B. rpx　　C. rem　　D. em

4. Flex 布局中决定容器成员在容器主轴上对齐方式的属性是（　　）。

   A. flex-direction　　B. align-items　　C. align-content　　D. justify-content

5. Grid 布局中的 fr 关键字表示（　　）。

A. grid 中的比例关系　　B. 自动填充单元格

C. 指定元素行内采用网格布局　　D. 使用百分比表示列

二、判断题

1. Flex 布局中，设置 align-items 属性，决定容器成员在容器交叉轴（垂直方向）上的对齐方式。（　　）

2. Flex 布局中，order 属性决定容器成员的排列顺序，值越大排在越前面。（　　）

3. Grid 布局中，边缘构成的行线和纵线被称为单元格。（　　）

4. 小程序中设置 tab-bar，引入图片和页面均需写成绝对路由。（　　）

5. 使用媒体查询，可以针对不同的媒体类型定义不同的样式。（　　）

三、填空题

1. 在设置高度属性时采用相对视口单位_________。视口是指浏览器可视区域，视口单位将浏览器分为_________。

2. 设置_________属性决定项目的放大比例。

3. 微信小程序_________组件可以实现轮播图效果。

4. _________是 CSS3 新增单位，该单位值根据页面根节点（html）字体大小动态变化。

5. 响应式布局可以使用标签结合完成。

四、简答题

1. 简述小程序中 rpx 的换算公式。

2. 简述响应式布局的基本原理。

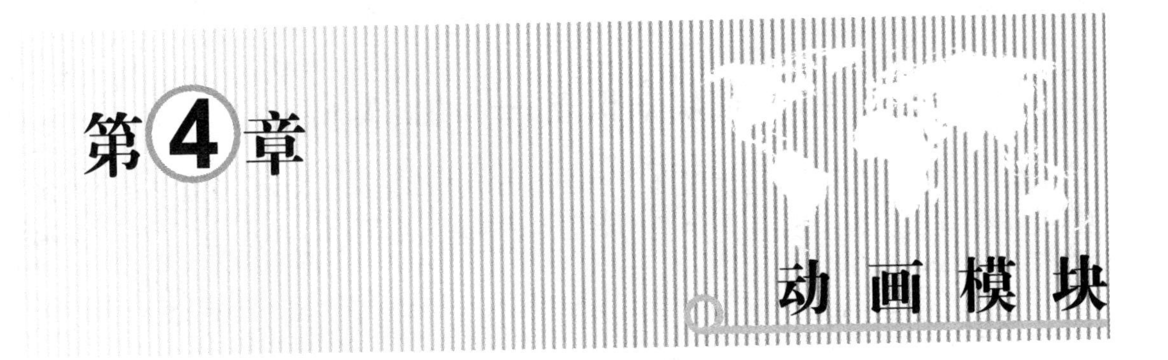

第4章 动画模块

4.1 模块概述

动画模块思维导图如图 4.1 所示。

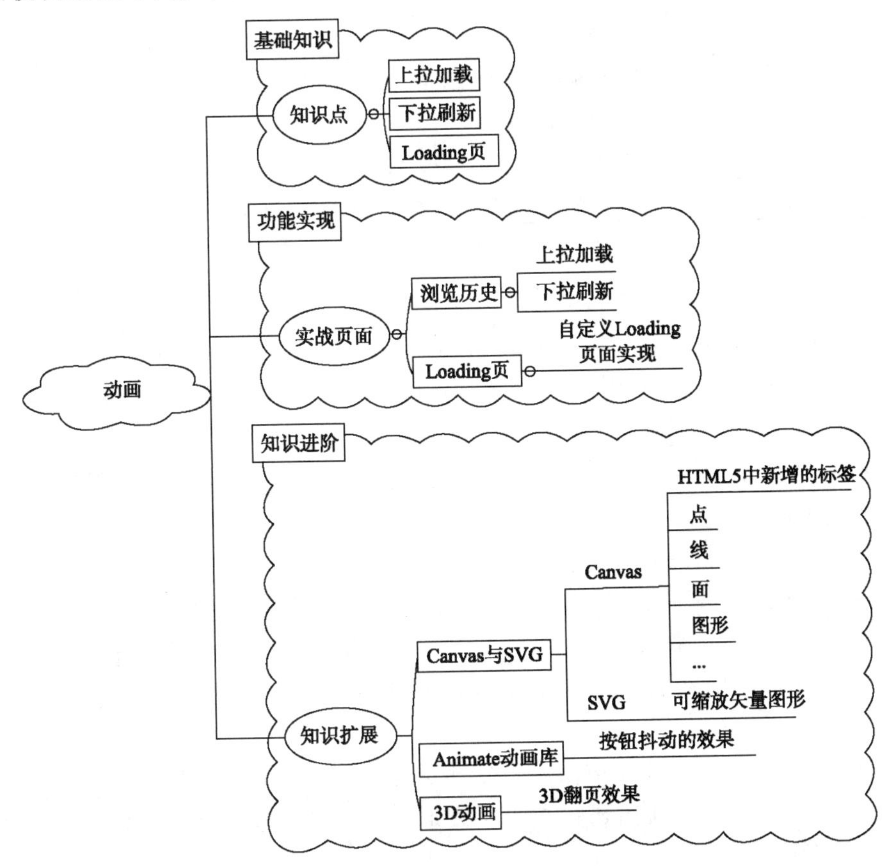

图 4.1　动画模块思维导图

本章首先讲解动画的基础知识，然后通过构建项目的刷新页面和加载页面让开发者掌握动画的基本使用。在知识拓展部分，通过对第三方动画库（Animatate）和 3D 动画的介绍，帮助开发者在实际开发过程中快速完成动画效果，同时培养开发者独立设计动画效果的能力。

4.2 模块知识点——动画基础

借助 CSS3 可以创建动画，代替部分 Flash、GIF 和 JavaScript 动画。在提升动画性能的同时，降低动画开发成本。实现 CSS3 动画的 3 种方式分别是：Animation 动画、Transform 变形和 Translation 过渡。

1. Animation 动画

Animation 通过@keyframes 规则创建动画。该规则共有 10 个动画属性，如表 4.1 所示。

表 4.1 动画属性说明

属　性	说　明
@keyframes	规定动画
animation-name	规定 @keyframes 动画的名称
animation-duration	规定动画完成一个周期所花费的秒或毫秒，默认为 0
animation-timing-function	规定动画的速度曲线，默认为 ease
animation-delay	规定动画何时开始，默认为 0
animation-iteeration-count	规定动画被播放的次数，默认为 1
animation-direction	规定动画是否在下一周期逆向地播放，默认为 normal
animation-play-state	规定动画是否正在运行或暂停，默认为 running
animation-fill-mode	规定对象动画时间之外的状态
animation	所有动画属性的简写，除 animation-play-state 属性之外

表 4.1 列出@keyframes 规则可以使用的属性名称和相关介绍。Animation 属性设置动画的语法形式如下：

```
animation: myfirst 5s linear 2s infinite alternate;
```

相关参数说明：

- myfirst：animation-name 属性，动画名。
- 5s：animation-duration 属性，动画完成一个周期所花费的时间。
- linear：animation-timing-function 属性，规定动画的速度曲线。
- 2s：animation-delay 属性，规定动画何时开始。
- infinite：animation-iteration-count 属性，规定动画被播放的次数。
- alternate：animation-direction 属性，规定动画是否下一个周期逆向播放。

下面通过 animation 动画实现：一个正方形（40×40）在 5 s 的时间内宽度由 40 px 均匀变化为 200 px 的效果。

在页面中创建一个 40×40 的正方形，设置背景颜色为浅绿色（便于观察），代码如下：

```
<!doctype html>
```

```
<html>
  <head>
    <meta charset="utf-8">
    <title>动画属性演示</title>
    <style>
      .animate-container{
        width: 40px;
        height: 40px;
        background-color: aqua;
      }
    </style>
  </head>
  <body>
    <div class="animate-container"></div>
  </body>
</html>
```

在 style 样式中，为.animate-container 添加 animation 属性，动画名为 widthmove，完成一个周期运动所需时间为 5 s，动画从头到尾匀速运动，延时 1 s，播放 1 次，正常播放。代码如下：

```
<style>
  .animate-container{
    width: 40px;
    height: 40px;
    background-color: aqua;
    animation: widthmove 5s linear 1s 1 normal;
  }
  @keyframes widthmove
  {
    from{width: 40px;}
    to{width: 200px;}
  }
</style>
```

keyframes 规则语法如下：

```
@keyframes animationname {keyframes-selector {css-styles;}}
```

keyframes 属性说明如表 4.2 所示。

表 4.2　keyframes 属性说明

属　　性	说　　明
animationname	必需，动画名称
keyframes-selector	必需，动画时长百分比。合法的值：0 ~ 100%，from 与 0%相同，to 与 100%相同
css-styles	必需，一个或多个合法的 CSS 样式属性

添加动画属性和动画规则后，使用浏览器打开案例，可以观察到初始状态的小正方形宽度跟随时间变化。由于没有设置 animation-fill-mode 属性，在执行到第 5 s 时，回到原来的状态，效果如图 4.2 所示。

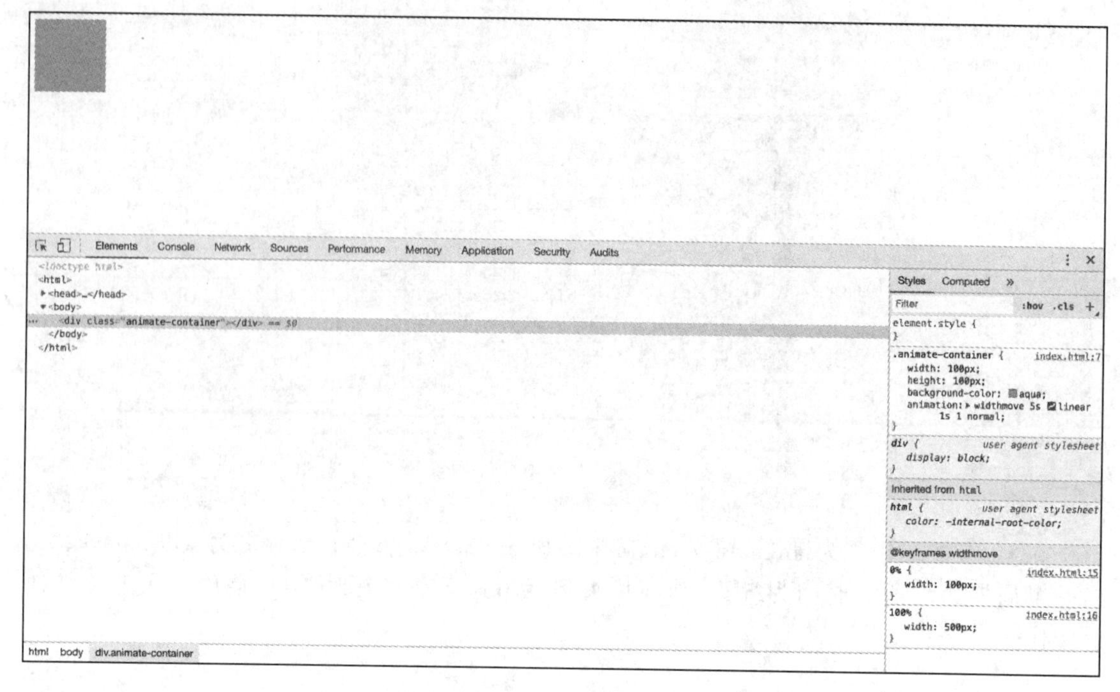

图 4.2 动画效果

注意：@keyframes 规则需要考虑兼容性问题，对于不同浏览器需要加上前缀，如 -webkit-（谷歌或 Safari）、-o-（欧朋）等。

2. Transform 变形

Transform 属性定义元素变形，包括旋转（rotate）、扭曲（skew）、缩放（scale）、移动（translate）和矩阵变形（matrix）等。

Transform 相较于 animation 属性值更少，写法如下：

```
transform: none || transform-functions
```

相关字段含义如下：

- none：不使用 transhform 属性。
- transform-functions：可使用 transform 属性值。

transform-functions 可使用值如下：

（1）rolate 属性值，如表 4.3 所示。

表 4.3 rolate 属性值说明

值	填写值	说明
rotate(angle)	旋转角度	2D 转换
rotate3d(x,y,z,angle)	x、y、z 轴坐标方向旋转矢量。可选<number>类型； Angle：旋转角度	3D 转换
translateX(x)	x 轴旋转矢量	2D 转换
translateY(y)	y 轴旋转矢量	2D 转换
translateZ(z)	z 轴旋转矢量	3D 转换，只设置 z 轴

（2）skew 属性值，如表 4.4 所示。

表 4.4 skew 属性值说明

值	说　明
skew(x-angle,y-angle)	定义沿着 x 和 y 轴的 2D 倾斜转换
skewX(angle)	定义沿着 x 轴的 2D 倾斜转换
skewY(angle)	定义沿着 y 轴的 2D 倾斜转换

（3）scale 属性值，如表 4.5 所示。

表 4.5 scale 属性值说明

值	说　明
scale(x,y)	定义 2D 缩放转换
scale3d(x,y,z)	定义 3D 缩放转换
scaleX(x)	通过设置 x 轴的值来定义缩放转换
scaleY(y)	通过设置 y 轴的值来定义缩放转换
scaleZ(z)	通过设置 z 轴的值来定义缩放转换

（4）translate 属性值，如表 4.6 所示。

表 4.6 translate 属性值说明

值	说　明
translate(x,y)	定义 2D 转换
translate3d(x,y,z)	定义 3D 转换
translateY(y)	定义转换，只使用 y 轴的值
translateX(x)	定义转换，只使用 x 轴的值
translateZ(z)	定义 3D 转换，只使用 z 轴的值

（5）matrix 属性值，如表 4.7 所示。

表 4.7 matrix 属性值说明

值	说　明
matrix(n,n,n,n,n,n)	定义 2D 转换，使用 6 个值的矩阵
matrix3d(n,n,n,n,n,n,n,n,n,n,n,n,n,n,n,n)	定义 3D 转换，使用 16 个值的 4×4 矩阵

3. Transition 过渡

Transition 属性是简写属性，用于设置 4 个过渡属性，相关属性值如表 4.8 所示。

表 4.8 transition 属性值说明

值	说　明
transition-property	规定设置过渡效果的 CSS 属性的名称
transition-duration	规定完成过渡效果需要多少秒或毫秒
transition-timing-function	规定速度效果的速度曲线
transition-delay	定义过渡效果何时开始

Transition 属性简单使用，代码如下：

```
<!DOCTYPE html>
<html>
<head>
<style>
.container{
  width:100px;
  height:100px;
  background:yellow;
  transition:width 2s;
  -moz-transition:width 2s;          /* Firefox 4 */
  -webkit-transition:width 2s;       /* Safari and Chrome */
  -o-transition:width 2s;            /* Opera */
}
.container:hover
{
  width:300px;
}
</style>
</head>
<body>
  <div class="container"></div>
</body>
</html>
```

4. 小程序中的动画

小程序中的动画属性基本与 CSS3 动画类似，但在使用时，小程序需要将动画绑定到 Animation 属性上，动画属性说明如表 4.9 所示。

表 4.9 小程序动画属性说明

属　性	类　型	说　明
Animation.step	(Object object)	表示一组动画完成。可以在一组动画中调用任意多个动画方法，一组动画中的所有动画会同时开始，一组动画完成后才会进行下一组动画
matrix()		同 transform-function matrix
matrix3d()		同 transform-function matrix3d
rotate	(number angle)	从原点顺时针旋转一个角度
rotate3d	(number x, number y, number z, number angle)	从 x、y、z 轴顺时针旋转一个角度
rotateX	(number angle)	从 x 轴顺时针旋转一个角度
rotateY	(number angle)	从 y 轴顺时针旋转一个角度
rotateZ	(number angle)	从 z 轴顺时针旋转一个角度
scale	(number sx, number sy)	x、y 轴的缩放
scale3d	(number sx, number sy, number sz)	x、y、z 轴的缩放

续表

属　　性	类　　型	说　　明
scaleX	(number scale)	缩放 x 轴
scaleY	(number scale)	缩放 y 轴
scaleZ	(number scale)	缩放 z 轴
skew	(number ax, number ay)	对 x、y 轴坐标进行倾斜
skewX	(number angle)	对 x 轴坐标进行倾斜
skewY	(number angle)	对 y 轴坐标进行倾斜
translate	(number tx, number ty)	平移变换
translate3d	(number tx, number ty, number tz)	对 x、y、z 坐标进行平移变换
translateX	(number translation)	对 x 轴平移
translateY	(number translation)	对 y 轴平移
translateZ	(number translation) (number value)	对 z 轴平移
opacity	(number value)	设置透明度
backgroundColor	(string value)	设置背景色
width	(number|string value)	设置宽度
height	(number|string value)	设置高度
left	(number|string value)	设置 left 值
right	(number|string value)	设置 right 值
top	(number|string value)	设置 top 值
bottom	(number|string value)	设置 bottom 值

小程序使用相关动画，代码如下：

```
Page({
  data:{
    animationData:{}
  },
  onShow: function(){
    var animation = wx.createAnimation({
      duration: 1000,
      timingFunction: 'ease',
    })
    this.animation = animation
    animation.scale(2,2).rotate(45).step()
    this.setData({
      animationData:animation.export()
    })
    setTimeout(function(){
      animation.translate(30).step()
      this.setData({
        animationData:animation.export()
      })
    }.bind(this), 1000)
  },
  rotateAndScale: function(){
```

```
      // 旋转同时放大
      this.animation.rotate(45).scale(2, 2).step()
      this.setData({
        animationData: this.animation.export()
      })
    },
    rotateThenScale: function(){
      // 先旋转后放大
      this.animation.rotate(45).step()
      this.animation.scale(2, 2).step()
      this.setData({
        animationData: this.animation.export()
      })
    },
    rotateAndScaleThenTranslate: function(){
      // 先旋转同时放大，然后平移
      this.animation.rotate(45).scale(2, 2).step()
      this.animation.translate(100, 100).step({ duration: 1000 })
      this.setData({
        animationData: this.animation.export()
      })
    }
})
```

4.3 应 用 实 践

4.3.1 上拉加载，下拉刷新页

当页面内数据过多时为了保证页面浏览时的流畅性，可以使用上拉加载、下拉刷新的方法让数据分页展示，降低首次请求数据时间，提高访问速度。本节以案例的“浏览历史”页面讲解相关知识点，如图 4.3 所示。

图 4.3 浏览历史页面

在浏览历史页面中结合小程序API实现了下拉刷新和上拉加载的功能。下拉刷新和上拉加载分为全局模式和页面模式。全局模式可以在/src/app.json文件内配置；页面模式在页面配置文件 main.json 内配置。两者配置参数相同，均设置 enablePullDownRefresh 为 true。代码如下：

```
{
  "navigationBarTitleText": "浏览历史",
  "enablePullDownRefresh": true
}
```

微信小程序页面配置参数及说明如表4.10所示。

表4.10 小程序页面配置说明

属性	类型	默认值	说明
navigationBarBackgroundColor	HexColor	#000000	导航栏背景颜色，如 #000000
navigationBarTextStyle	string	white	导航栏标题颜色，仅支持 black / white
navigationBarTitleText	string		导航栏标题文字内容
navigationStyle	string	default	导航栏样式，仅支持以下值： default 默认样式；custom 自定义导航栏，只保留右上角胶囊按钮
backgroundColor	HexColor	#ffffff	窗口的背景色
backgroundTextStyle	string	dark	下拉 loading 的样式，仅支持 dark/light
backgroundColorTop	string	#ffffff	顶部窗口的背景色，仅支持 iOS
backgroundColorBottom	string	#ffffff	底部窗口的背景色，仅支持 iOS
enablePullDownRefresh	boolean	false	是否开启当前页面下拉刷新，详见 Page.onPullDownRefresh
onReachBottomDistance	number	50	页面上拉触底事件触发时距页面底部的距离，单位为 px。详见 Page.onReachBottom
pageOrientation	string	portrait	屏幕旋转设置，支持 auto/portrait/landscape 详见响应显示区域变化
disableScroll	boolean	false	设置为 true 则页面整体不能上下滚动。 只在页面配置中有效，无法在 app.json 中设置
usingComponents	Object	否	页面自定义组件配置

上述参数均可以在页面内配置。本节需要关注的参数有 enablePullDownRefresh 和 onReachBottomDistance。前者用于是否开启下拉刷新，后者用于配置上拉加载。页面滑动到距离底部 onReachBottomDistance 参数值时，触发某个方法，实现上拉加载的效果。在页面内，下拉刷新通过 onPullDownRefresh()方法实现，上拉加载通过 onReachBottom()方法实现。

浏览历史页面采用 Flex 布局，骨架代码如下：

```
<template>
  <div class="ptf-history__container">
    <div v-for="(item, index) in looksData" :key="index" class="ptf-h
istory__item">
      <div class="ptf-history__titl">{{item.article.title}}</div>
```

```
      <div class="ptf-history__user">
        <div class="history-user__name">{{item.user.nickName}}</div>
        <div class="history-user__date">{{item.updateAt}}</div>
      </div>
    </div>
      <custom-reach-bottom :currentPage="currentPage" :count="count"><
/custom-reach-bottom>
  </div>
</template>
```

骨架代码内，使用 v-for 循环提取数组内的数据渲染到页面内。底部使用自定义组件，用于上拉加载时显示“内容加载中”文字，对应图 4.3 中底部提示文字。该页面样式，可参看博客源代码内/src/pages/history/index 文件。页面搭建完成后，开发业务逻辑，监听上述两个方法，代码如下：

```
<script>
import{ getLooks } from '@/api/looks'
import{ getUser } from '@/utils/auth'
import CustomReachBottom from '@/components/CustomReachBottom'
import{ formatTime } from '@/utils'
export default{
  components:{
    CustomReachBottom
  },
  data(){
    return{
      looksData: [],
      currentPage: 1,
      pageSize: 10,
      count: 1
    }
  },
  mounted(){
    const payload={
      pageSize: this.pageSize,
      ussrId: getUser()
    }
    this.fetchData(payload, true)
  },
  onPullDownRefresh(){
    this.currentPage=1
    const payload={
      pageSize: this.pageSize,
      ussrId: getUser()
    }
    this.fetchData(payload, true)
  },
  onReachBottom(){
    if (!((this.currentPage*this.pageSize)<this.count)){
      return false
    }
    const nextPage=this.currentPage+1
    const payload={
      pageSize: this.pageSize,
      currentPage: nextPage,
```

```
        ussrId: getUser()
      }
      this.fetchData(payload)
    },
    methods:{
      fetchData (payload, clean=false){
        getLooks(payload).then((resData)=>{
          const { code, data: { list, count, currentPage } }=resData
          // 格式化时间
          list.forEach(element=>{
            element.updateAt=formatTime(element.updateAt)
          })
          if (code===0){
            if (clean){
              this.looksData=list
            } else{
              this.looksData=this.looksData.concat(list)
            }
            this.currentPage=currentPage
            this.count=count
          }
        })
      }
    }
  }
</script>
```

上述代码监听 onPullDownRefresh()和 onReachBottom()方法。两者实现的业务逻辑如下：用户下拉页面触发下拉刷新后，设置当前页码（currentPage）为 1，通过 payload 对象构造接口参数并发送请求，服务器返回对应的用户数据。案例内提供的所有获取列表数据类接口，均已做分页操作。接口如图 4.4 所示。

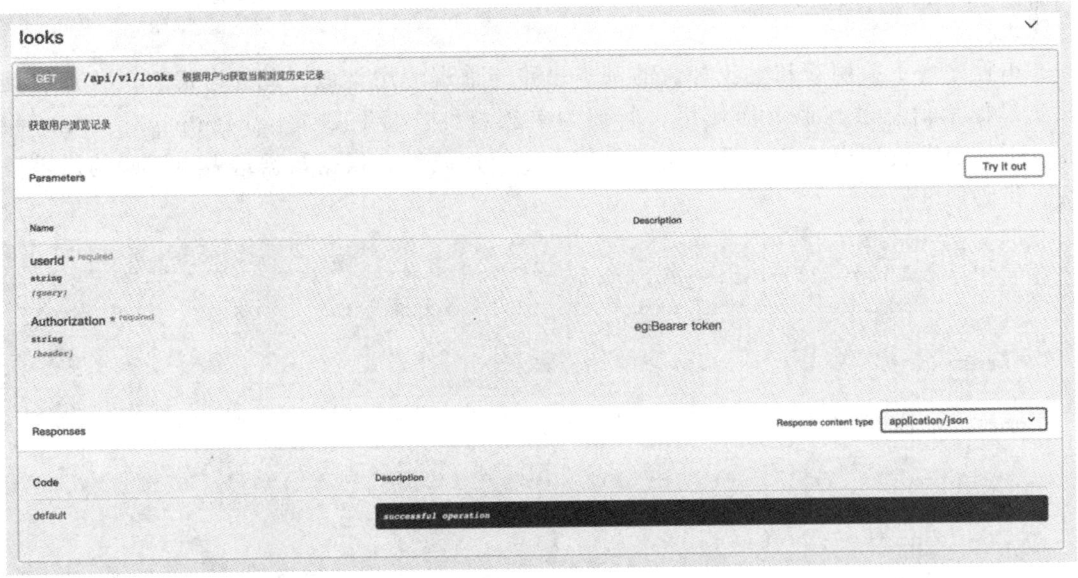

图 4.4　浏览历史接口

上述代码，通过 fetchData()方法请求并处理数据。下拉刷新数据将传递给 looksData

数组对象。如果传递的 clean 对象值为 false，则将新的数组通过 concat 方法与 looksData 数组连接。如果传递的值为 true，则直接覆盖原有数据。完成上述代码开发后，可以实现下拉刷新功能，请求第一页 10 条数据。数据返回格式如图 4.5 所示。


```
code: 0
▼data: {count: 27, list: [{_id: "5d9ad129e3dd1dc2fcc013b7",…}, {_id: "5d9ad051e3dd1dc2fcc013b6",…},…],…}
  count: 27
  currentPage: 1
 ▼list: [{_id: "5d9ad129e3dd1dc2fcc013b7",…}, {_id: "5d9ad051e3dd1dc2fcc013b6",…},…]
  ▼0: {_id: "5d9ad129e3dd1dc2fcc013b7",…}
    ▶article: {_id: "5d8a1ae51f8d0e3262c3ca9c", user: "5d85c7db8abf8afcdaa081a3", title: "测试视频的格式", __v: 0,…}
     createdAt: "2019-10-07T05:46:17.752Z"
     updateAt: "2019-10-07T05:46:17.752Z"
    ▶user: {_id: "5d85c7db8abf8afcdaa081a3",                    __v: 0,…}
     __v: 0
     _id: "5d9ad129e3dd1dc2fcc013b7"
  ▶1: {_id: "5d9ad051e3dd1dc2fcc013b6",…}
  ▶2: {_id: "5d993cade3dd1dc2fcc013b5",…}
  ▶3: {_id: "5d98988be3dd1dc2fcc013b4",…}
  ▶4: {_id: "5d98959ce3dd1dc2fcc013b3",…}
  ▶5: {_id: "5d984df6e3dd1dc2fcc013b2",…}
  ▶6: {_id: "5d984deae3dd1dc2fcc013b1",…}
  ▶7: {_id: "5d984de2e3dd1dc2fcc013b0",…}
  ▶8: {_id: "5d984dd6e3dd1dc2fcc013af",…}
  ▶9: {_id: "5d984dd3e3dd1dc2fcc013ae",…}
  pageSize: 10
msg: "请求成功"
```


图 4.5　返回数据接口

完成下拉刷新后，开始上拉加载功能开发。由图 4.5 可知，在返回的数据内有 count 参数，该参数用于标记总数据量。可以根据当前页码和每页数据量计算当前已获取数据，与 count 参数对比，检查是否获取完所有数据。onReachBottom()方法内 if 用于判断数据是否已经获取完成，代码如下：

```
if (!((this.currentPage * this.pageSize) < this.count)){
   return false
}
```

小程序内下拉刷新和上拉加载的基本思路与前端应用类似。此处考虑将上拉加载页的底部提示信息供其他页面使用，封装为单独组件。将获取的 currentpage、count 和 pageSize 等参数传递给子组件，让子组件在上拉加载时，根据数据量做出正确的展示信息。代码如下：

```
<template>
  <div class="loadMore-container">
    {{chooseText ? '内容加载中...':'内容加载完成'}}
  </div>
</template>
<script>
export default{
  props:{
    count:{
      type: String,
      required: true
    },
    currentPage:{
      type: String,
      required: true
```

```
    },
    pageSize:{
      type: String,
      default: '10'
    }
  },
  data(){
    return{
      isLoading: true
    }
  },
  computed:{
    chooseText(){
      return (this.currentPage*this.pageSize)<this.count
    }
  }
}
</script>
<style lang="scss" scoped>
.loadMore-container{
  margin: 0 auto;
  padding: 28rpx 0;
  font-size: 20rpx;
  font-weight: bold;
  color: rgba(30,164,115,1);
  text-align: center;
}
</style>
```

4.3.2 Loading 页

Loading 页样式设计页面如图 4.6 所示。

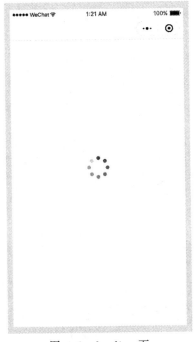

图 4.6 loading 页

loading 页中动画效果的实现原理如下：

定义 8 个小圆点，设置为绝对定位。调整每个小圆点的位置，让其变成圆形。转圈效果，可以通过 Animation 属性设置动画规则，让每个圆点的透明度在最小与最大之间过渡，延迟每个小圆点的动画执行时间，让每个小圆点在同一动画帧表现出不同的透明度即可。下面是骨架页面，代码如下：

```
<template>
  <div class="custom-loading__container">
    <div class="loading-wrap">
      <span></span>
      <span></span>
      <span></span>
      <span></span>
      <span></span>
      <span></span>
      <span></span>
      <span></span>
    </div>
  </div>
</template>
```

上述代码，通过 sapn 标签生成小圆点。小圆点的动画均借助 CSS3 动画实现，样式代码如下：

```
<style lang="scss" scoped>
.custom-loading__container{
  position: fixed;
  background-color: #fff;
  top: 0;
  left: 0;
  height: 100%;
  width: 100%;
  z-index: 999;
}
.loading-wrap{
  width: 100rpx;
  height: 100rpx;
  position: relative;
  top: 50%;
  left: 50%;
  transform: translate(-50%, -50%);
  & > span{
    display: inline-block;
    width: 16rpx;
    height: 16rpx;
    border-radius: 50%;
    background: #039952;
    position: absolute;
    animation: load 1.04s ease infinite;
    &:nth-child(1){
      left: 0;
```

```
      top: 50%;
      margin-top: -8rpx;
      animation-delay: 0.13s;
    }
    &:nth-child(2){
      left: 12.24rpx;
      top: 12.24rpx;
      animation-delay: 0.26s;
    }
    &:nth-child(3){
      left: 50%;
      top: 0;
      margin-left: -8rpx;
      animation-delay: 0.39s;
    }
    &:nth-child(4){
      top: 12.24rpx;
      right: 12.24rpx;
      animation-delay: 0.52s;
    }
    &:nth-child(5){
      right: 0;
      top: 50%;
      margin-top: -8rpx;
      animation-delay: 0.65s;
    }
    &:nth-child(6){
      right: 12.24rpx;
      bottom: 12.24rpx;
      animation-delay: 0.78s;
    }
    &:nth-child(7){
      bottom: 0;
      left: 50%;
      margin-left: -8rpx;
      animation-delay: 0.91s;
    }
    &:nth-child(8){
      bottom: 12.24rpx;
      left: 12.24rpx;
      animation-delay: 1.04s;
    }
  }
}
@keyframes load{
    0%{
        opacity: 1;
    }
    100%{
        opacity: 0.2;
    }
```

```
}
</style>
```

上述代码，容器.custom-loading__container 作为背景，设置为固定定位，背景颜色为白色，占满整个屏幕。容器.loading-wrap 作为整个 loading 效果元素的容器，设置该元素水平垂直居中。完成容器定义后，设置 sapn 标签的基本样式，让每个 span 变为圆形。再通过 nth-child(n)选取每个元素，单独调整每个圆圈的样式。完成圆圈位置调整后，通过设置动画属性 animation，让整个圆圈转动，代码片段如下：

```
animation: load 1.04s ease infinite;
@keyframes load{
    0%{
        opacity: 1;
    }
    100%{
        opacity: 0.2;
    }
}
```

上述动画设置后，即实现了加载中小圆点转圈效果。该组件将应用于整个案例中数据加载时的动画效果。

4.4 知 识 拓 展

4.4.1 认识 Canvas 与 SVG

1. Canvas

Canvas 是 HTML 5 中新增的标签，用于在网页中实时生成图像。由于 Canvas 本身没有自己的行为，因此必须通过 JavaScript 调用相关 API 去完成各种操作，包括点、线、面、图形、图片等绘制。

2. SVG

SVG 是可缩放矢量图形（Scalable Vevtor Graphics）的简写，是一种基于可扩展标记语言（XML），用于描述二维矢量图形的图形格式，由 W3C 定制，是一个开放标准。

注意：通过 SVG 生成的矢量图标，可以更好地适配不同分辨率的屏幕，在缩放过程中不会出现失真情况，因此本案例中的部分小图片，采用 SVG 方式引入和使用。

4.4.2 Animate 动画库

Animate 动画库内置许多基本动画特效，这些动画均基于 CSS3 的动画属性实现。Animate 动画库内具体的动画特效可以通过访问官网查看。

使用 Animate 动画库实现按钮抖动的效果，操作如下：

animate.css 动画库目前支持 CDN、本地和 npm 方式引入。由于 animate.css 是纯 CSS 库，不依赖其他相关插件，因此可以应用在小程序、Vue 等前端框架和原生 HTML 5 中。使用 CDN 的方式引入库文件如下：

```
<link rel="stylesheet" href="https://cdnjs.cloudflare.com/ajax/libs/animate.css/3.7.2/animate.min.css">
```

实现按钮抖动效果，代码如下：

```
<body>
  <button type="submit" class="submit-container animated bounce"> 确定</button>
</body>
```

上述代码，在按钮（button）内引入 bounce 类名，让按钮实现抖动。此处需要注意，想让 Animate 的动画类生效，需要先引入 animated 类名。

4.4.3　3D 动画

3D 动画可以借助 Canvas、CSS3 动画属性和相关事件完成。使用 Canvas 完成复杂的 3D 动画，将在第 7 章的知识拓展部分借助 three.js 第三方库讲解。本节将根据 CSS3 的 3D 属性，完成简单的 3D 翻页效果制作。3D 翻页效果如图 4.7 所示。

图 4.7　3D 翻页效果

实现原理如下：当用户打开网页后，数字 1 处于垂直状态。当点击“下一页”后，快速变为水平状态，并且数字 2 变为垂直状态。当点击“上一页”时，变为水平状态的数字 1 缓慢变成垂直状态。本例偏向于原理讲解，因此选择使用原生属性完成。

新建 HTML 文件，搭建效果图骨架，代码如下：

```
<body>
  <div class="page-container">
    <div class="page-wrap">
      <div class="page" id="page1">1</div>
      <div class="page" id="page2">2</div>
      <div class="page" id="page3">3</div>
      <div class="page" id="page4">4</div>
      <div class="page" id="page5">5</div>
      <div class="page" id="page6">6</div>
    </div>
  </div>
  <div class="opera-container">
    <a href="javascript:next()">下一页</a>
    <a href="javascript:prav()">上一页</a>
  </div>
```

```
</body>
```

上述骨架样式，代码如下：

```
.page-container 类名：
.page-container{
  perspective: 800;
  -webkit-perspective:800;
  perspective-origin: 50% 50%;
  -webkit-perspective-origin:50% 50%;
  overflow: hidden;
}
```

容器.page-container 样式简单，抛开浏览器兼容代码，只需要三行代码即可完成。容器内使用到 perspective 属性，它可以定义 3D 元素与视图的距离。也可以理解为当有元素使用该属性时，该元素变为 3D 元素的容器，并且其子元素获得透视效果。此处将距离设置为 800 像素，再设置 perspective-origin 属性，该属性需要结合 perspective 属性一起使用，用于定义 3D 元素的 x 轴和 y 轴位置，默认值为 50% 50%；当设置完容器相关属性后，开始设置内部元素样式，代码如下：

```
.page-wrap{
  width: 400px;
  height: 400px;
  margin: 0 auto;
  transform-style: preserve-3d;
  -webkit-transform-style: preserve-3d;
  position: relative;
}
```

上述代码，设置宽度和高度均为 400 px，通过 transform-style 属性指定嵌套元素在 3D 空间内。结合.page-container 和.page-wrap 的样式，可以完整地定义出用于 3D 展示的空间。

接下来具体介绍其内部元素的展示样式。设置容器.page 的样式，代码如下：

```
.page{
  width: 360px;
  height: 360px;
  padding: 20px;
  background-color: black;
  color:white;
  font-weight: bold;
  font-size: 360px;
  line-height: 360px;
  text-align: center;
  position: absolute;
  transform-origin: bottom;
  -webkit-transform-origin: bottom;
  transition: transform 1s linear;
  -webkit-transition: -webkit-transform 1s linear;
}
```

上述代码，设置过渡动画(transition)为旋转（transform）,过渡时间 1s，过渡动画为均匀过渡，page1 平行于屏幕。开始时只显示数字 1，除 1 之外的其他数字绕 x 轴旋转 90°，让其处于垂直屏幕状态，使其不可见。代码如下：

```
#page2, #page3, #page4, #page5, #page6{
  transform: rotateX(90deg);
  -webkit-transform: rotateX(90deg);
}
```

设置完成后，效果如图 4.8 所示。

图 4.8　翻页时效果图

上述代码完成后，当前只显示数字 1，其余数字均变成垂直屏幕状态。通过控制每个数字的 rotateX()属性旋转角度，使其达到 3D 切换的效果。

通过点击“上一页”和“下一页”，切换不同的数字，代码如下：

```
<script type="text/javascript">
  var curIndex=1;
  const MAX_NUM=6;
  const MIN_NUM=1;
  function next(){
      if(curIndex==MAX_NUM)
      return;
      let curpage=document.getElementById("page"+curIndex);
      curpage.style.webkitTransform="rotateX(-90deg)"; //当前页面位置
                                                          //翻滚 90deg

      curIndex++;
      let nextPage=document.getElementById("page"+curIndex);
      nextPage.style.webkitTransform="rotateX(0deg)";  //翻滚后的页面
                                                      //调整角度为 0deg

  }
  function prav(){
      if(curIndex==MIN_NUM)
      return;
      let curPage=document.getElementById("page"+curIndex);
      curPage.style.webkitTransform="rotateX(90deg)";
      curIndex--;
      let pravPage=document.getElementById("page"+curIndex);
      pravPage.style.webkitTransform="rotateX(0deg)";
  }
</script>
```

上述代码，通过点击时记录当前数字，调整相应页面的 rotateX（ ）属性值。完整代码，可以参看学习案例源代码内 4-4-3 中的文件，此处仅做关键代码演示。

前面设置.page-wrap 宽高时，有个小的知识点，但较为重要。根据样式代码可知，容器.page-wrap 的宽、高均为 400 px,经过观察可以发现，只设置宽、高属性值为 360 px，设置 padding 属性值为 20 px；padding 属性值和宽、高相加，正好等于父级元素的宽、高。上述现象被称为标准盒模型，div 默认采用标准盒模型。

CSS 共有两种盒模型：标准盒模型、IE 盒模型。可以通过 box-sizing 属性设置，属性值为 content-box，则为标准盒模型；属性值为 border-box，则为 IE 盒模型。

（1）标准盒模型：宽高只是内容（content）的宽高，如图 4.9 所示。

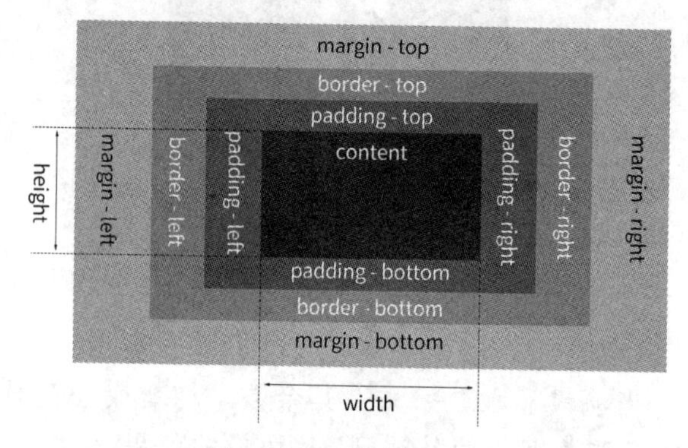

图 4.9 标准盒模型

（2）IE 盒模型：宽高是内容(content)+填充(padding)+边框(border)的总宽高，如图 4.10 所示。

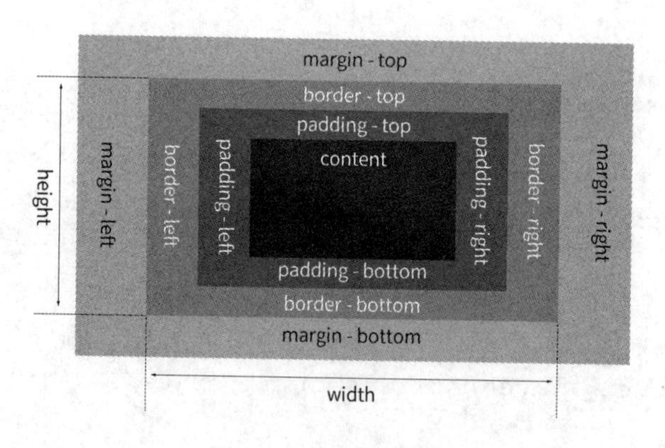

图 4.10 IE 盒模型

小 结

本章节主要讲解 CSS3 的三种基础动画知识点，通过博客小程序中上拉加载，下拉刷新动画和自定义 loading 效果的实现来讲解动画知识点的使用。完成上述知识点后进一步讲解社区成熟动画库的使用，以及 3D 动画的构建，由浅到深，逐步讲解动画的相关知识点。

习　　题

一、选择题

1. 本章共介绍（　　）种 CSS3 动画。

A. 2　　B. 3　　C. 4　　D. 5

2. Animation 通过@keyframes 规则创建动画。该规则共有（　　）个动画属性。

A. 7　　B. 8　　C. 9　　D. 10

3. 关于上述代码属性值说明错误的是（　　）:

A. transition-property: 规定设置过渡效果的 CSS 属性的名称

B. transition-duration: 规定完成过渡效果需要多少秒或毫秒

C. transition-timing-function: 规定速度大小

D. transition-delay: 定义过渡效果何时开始

4. Animation 的动画属性中，叙述错误的是（　　）。

A. Animation-duration: 规定动画完成一个周期所花费的秒或毫秒

B. Animation-iteeration-count: 规定动画被播放的次数

C. Animation-delay: 规定动画是否在下一周期逆向地播放

D. Animation-play-state: 规定动画是否正在运行或暂停

5. 微信小程序页面可配置 API 参数中，叙述正确的是（　　）。

A. navigationBarTextStyle: 导航栏背景颜色

B. onReachBottomDistance: 是否开启当前页面上拉加载

C. backgroundTextStyle: 下拉 loading 的样式

D. disableScroll: 设置为 true 则页面整体可以上下滚动

二、判断题

1. 实现 CSS3 动画的三种方式分别是: Animation 动画、Transform 变形和 Translation 过渡。（　　）

2. enablePullDownRefresh 和 onReachBottomDistance，前者用于是否开启下拉刷新，后者用于配置上拉加载。（　　）

3. 下拉刷新和上拉加载分为全局模式和页面模式，全局模式可以在/src/app.json 文件内配置，页面模式在页面配置文件 app.json 内配置。（　　）

4. IE 盒模型: 宽高只是内容（content）的宽高。（　　）

5. Canvas 必须通过 JavaScript 调用相关 API 去完成各种操作，包括点、线、面、图形、图片等绘制。（　　）

三、填空题

1. 全局模式开启下拉刷新可以在__________文件内配置。

2. Canvas 是__________中新增的标签，用于在网页中实时生成图像。

3. SVG: 是__________的简写，是一种基于可扩展标记语言（XML），用于描述二维矢量图形的图形格式。

4. CSS共有两种盒模型：________、________。

5. Transform属性定义元素变形，包括旋转（rotate）、________、缩放（scale）、移动（translate）和矩阵变形（matrix）等。

四、简答题

1. 简述loading页中动画效果的实现原理。

2. 简述小程序内下拉刷新和上拉加载的基本思路。

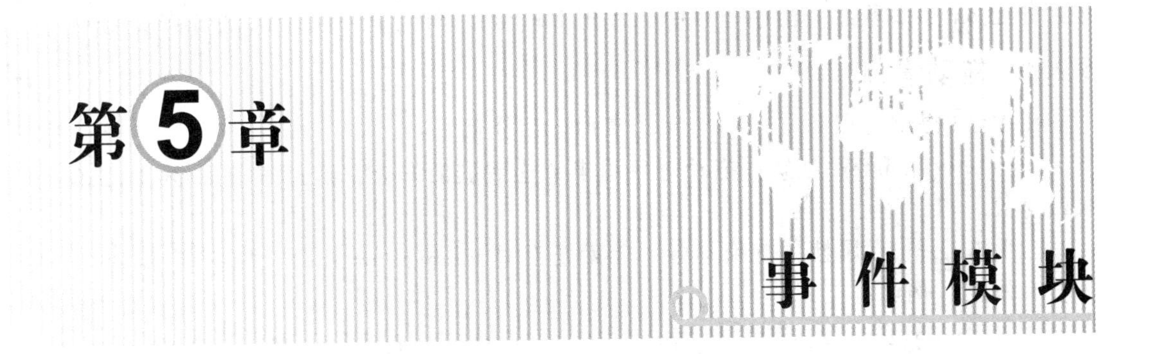

5.1 模块概述

事件模块思维导图如图 5.1 所示。

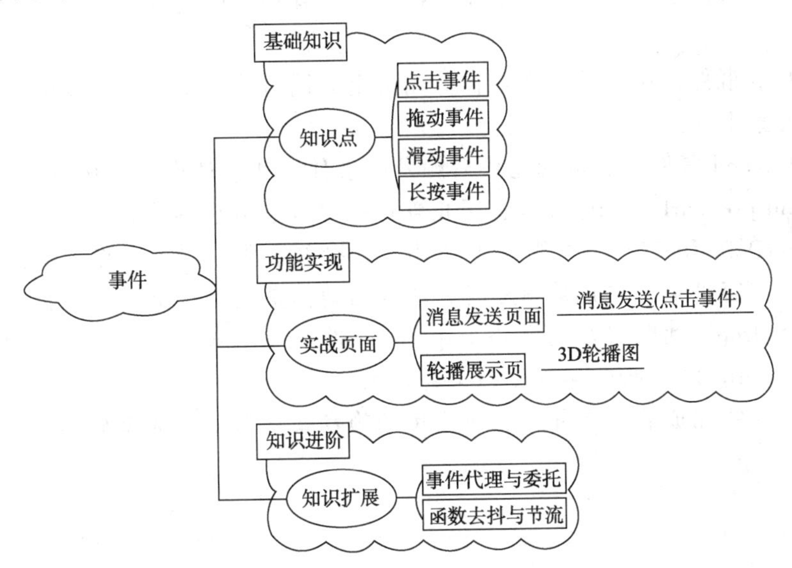

图 5.1 事件模块思维导图

本章节主要讲解 HTML 5 和小程序中事件属性的知识，让开发者掌握常用事件属性的使用。在项目实践中，通过消息发送和轮播展示页面强化相关事件在案例中的应用。在知识拓展部分，继续深入讲解相关事件在应用内的优化，在掌握基础知识的基础上，完成进一步的提升。

5.2 模块知识点

HTML DOM 允许 JavaScript 对 HTML 事件做出反应，包括点击事件、拖动事件、滑动事件和长按事件等，下面分别进行介绍。

5.2.1 点击事件

在 HTML 5 中，使用 DOM，向元素分配 onclick 事件；在 mpvue 中，使用@click，向元素分配 onclick 事件；在小程序中，使用 bindtap，向元素分配 onclick 事件。

5.2.2 拖动事件

HTML 5 提供可以直接使用的拖动事件。简介如下：

（1）DataTransfer 对象：拖动对象用来传递数据的媒介，通过 Event.dataTransfer 获取该对象。

（2）draggable 属性：待拖动标签元素要设置 draggable=true，才能开启拖动，否则不会有效果。例如：

```
<div title="拖动我" draggable="true">列表 1</div>
```

（3）ondragstart 事件：当拖动元素开始被拖动时触发的事件，此事件作用在被拖动的元素上。

（4）ondragenter 事件：当拖动元素进入目标元素时触发的事件，此事件作用在目标元素上。

（5）ondragover 事件：拖动元素在目标元素上移动时触发的事件，此事件作用在目标元素上。

（6）ondrop 事件：被拖动元素在目标元素上，同时放开鼠标时触发的事件，此事件作用在目标元素上。

（7）ondragend 事件：当拖动完成后触发的事件，此事件作用在被拖动元素上。

（8）Event.preventDefault()方法：阻止默认的事件、方法等执行。在 ondragover 中必须使用 preventDefault()方法，否则 ondrop 事件不会被触发。另外，如果从其他应用软件或文件中拖动内容进来，尤其是图片时，默认的动作是显示这个图片或者相关信息，并不是真的执行 drop，此时需要调用 ondragover 事件。

（9）Event.effectAllowed 属性：拖动的效果。

拖动事件介绍完成后，下面将通过简单的拖动案例巩固上述基础知识点，如图 5.2 所示。

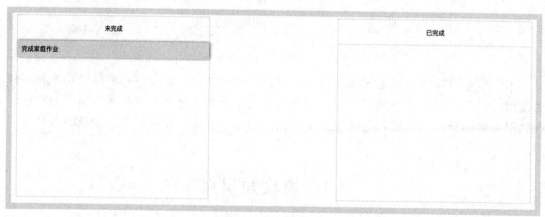

图 5.2　拖动案例

在图 5.2 中，可以通过拖动方式将未完成列表项加到已完成列表，反之亦可。下面搭建骨架代码：

```
<div class="wrap">
  <div class="list-1" id="target-1">
    <div class="list-title">未完成</div>
    <div class="todo" draggable="true" id="todo-1">
      完成家庭作业
    </div>
  </div>
  <div class="list-2" id="target-2">
    <div class="list-title">已完成</div>
  </div>
</div>
```

骨架代码内，通过拖动将 id="todo-1"的元素拖动至 id="target-2"的目标元素内。在需要实现拖动的元素上，新增 draggable="true"属性，声明元素为被拖动对象。为相关元素设置样式，代码如下：

```
<style>
  .wrap{
    display: flex;
    align-items: center;
    justify-content: space-around;
  }
  .list-1{
    width: 30%;
    height: 50vh;
    border: 1px solid rgba(0,0,0,0.1);
  }
  .list-2{
    width: 30%;
    height: 50vh;
    border: 1px solid rgba(0,0,0,0.1);
  }
  .list-title{
    text-align: center;
    padding: 20px;
    border-bottom: 1px solid rgba(0,0,0,0.1);
  }
  .todo{
    padding: 10px 10px;
    background-color: bisque;
    box-shadow:2px 0px 6px 0px rgba(0,21,41,0.35);
  }
</style>
```

完成静态页面后，借助 JavaScript 配合，完成拖动效果。代码如下：

```
<script>
  window.onload=function(){
    var source=document.getElementById('todo-1');
    var target1=document.getElementById('target-1');
```

```
    var target2=document.getElementById('target-2');
    source.ondragstart=function(event){
      var e=event||window.event
      console.log('开始拖动');
      e.dataTransfer.setData('text',e.target.id);
    }
    target1.ondragenter=function(){
      console.log('进入未完成元素内')
    }
    target1.ondragover=function(event){
      var event=event||window.event;
      console.log('在未完成元素中拖动');
      event.preventDefault()
    }
    target1.ondragleave=function(){
      console.log('拖放离开未完成元素')
    }
    target1.ondrop=function(event){
      console.log('放入未完成');
      var e=event||window.event
      var data=e.dataTransfer.getData('text');
      e.target.appendChild(document.getElementById(data));
    }
    target2.ondragenter=function(){
      console.log('进入已完成元素内')
    }
    target2.ondragover=function(event){
      var event=event||window.event;
      console.log('在已完成元素中拖动');
      event.preventDefault()
    }
    target2.ondragleave=function(){
      console.log('拖放离开已完成元素')
    }
    target2.ondrop=function(event){
      console.log('放入已完成');
      var e=event||window.event
      var data=e.dataTransfer.getData('text');
      e.target.appendChild(document.getElementById(data));
    }
  }
</script>
```

上述代码通过 id 选取被拖动元素和目标元素。为被拖动元素设置 ondragstart 监听函数，为每个容器设置监听函数，监听被拖动元素进入事件、容器中事件和离开事件。每个监听方法内通过 event.preventDefault()函数阻止浏览器在拖动过程中的默认事件，防止影响拖动效果。

5.2.3 滑动事件

滑动事件在 PC 端又称鼠标事件，HTML 5 在 PC 端和移动端各有一套 API 规范。滑动事件相关 API，简介如下：

1. PC端滑动事件

（1）mouseover：鼠标移入目标元素上方。该事件会触发冒泡，即鼠标移入其后代元素上时会触发。

（2）mouseout：鼠标移出目标元素上方，该事件会触发冒泡，即鼠标移出其后代元素上时会触发。

（3）mouseenter：鼠标移入元素范围内触发，该事件不冒泡，即鼠标移到其后代元素上时不会触发。

（4）mouseleave：鼠标移出元素范围时触发，该事件不冒泡，即鼠标移到其后代元素时不会触发。

（5）mousemove：鼠标在元素内部移动时不断触发。

2. 手机端滑动事件

（1）touchstart：当用户在触摸平面上放置一个触点时触发，触点位置上是事件的目标节点。

（2）touchend：当一个触点被用户从触摸平面上移除（当用户将一个手指离开触摸平面）时触发。当触点移出触摸平面的边界时也将触发，例如用户将手指划出屏幕边缘。

（3）touchmove：当用户在触摸平面上移动触点时触发。事件的目标节点和 touchmove 事件对应的 touchstart 事件的目标节点相同。当触点的半径、旋转角度以及压力大小发生变化时，也将触发此事件。

（4）touchcancel：当触点由于某些原因被中断时触发。有几种可能的原因如下（具体的原因根据不同的设备和浏览器有所不同）：

- 由于某个事件取消了触摸：例如，触摸过程被一个模态的弹出框打断。
- 触点离开了文档窗口，而进入浏览器的界面元素、插件或者其他外部内容区域。
- 当用户产生的触点个数超过了设备支持的个数时，导致 TouchList 中最早的 Touch 对象被取消。

5.2.4　长按事件

长按事件在手机端使用频率较高，但 HTML 5 暂未提供相关 API，可以使用滑动事件来模拟长按事件。

以移动端 touch 事件为例：设置等待时间为 700 ms，监听 touchstart 事件，记录触发开始时间，使用延时函数判断是否为长按事件。在 touchend 事件监听器的回调函数内判断触发结束和开始时间的差值，如果小于等待时间，则是点击事件。代码如下：

```
<div class="container">
  <div class="contain-touch" id="touch">长按弹框</div>
</div>
```

模拟长按事件处理方法，代码如下：

```
<script>
  let timer=null
  let startTime, endTime=''
  const touchBtn=document.getElementById('touch')
```

```
  touchBtn.addEventListener('touchstart', function(){
    startTime=+new Date()
    timer=setTimeout(function(){
      alert('您已触发长按事件')
    }, 700)
  })

  touchBtn.addEventListener('touchend', function(){
    endTime=+new Date()
    clearTimeout(timer)
    // 点击事件
    if (endTime-startTime<700){
      alert('您已触发点击事件')
    }
  })
</script>
```

上述代码，监听 touchBtn 的 touchstart 和 touchend 事件。当按住节点后，获取当前时间戳。通过 setTimeout()函数延迟 700 ms 触发弹框。假如在触发 touchend 事件时，已经超过 700 ms，则认为是长按事件。如果没有，则认为是点击事件。

注意：+new Date()的写法用于将标准时间转化为时间戳。

5.3 应用实践

5.3.1 消息发送页

消息发送页设计如图 5.3 所示。

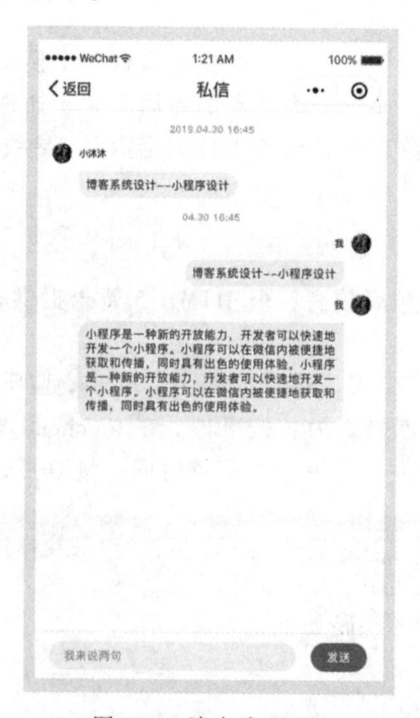

图 5.3　消息发送页

消息发送页主要由消息内容展示容器和底部信息编辑容器构成。页面拆解完成后，准备开始搭建静态页面。在搭建过程中需要考虑如下情况：

（1）页面内时间展示。

（2）页面滚动区域应在 header 区域和底部区域之间。

（3）底部消息编辑区，适配 iPhone X 等异形屏。

（4）进入聊天时，最新的消息在最底部。

拆解完页面和功能需求后，开始静态页面布局。搭建底部发送消息区域骨架，代码如下：

```
<div class="chat-footer__wrapper">
  <input :cursor-spacing="15" class="chat-footer__input"
placeholder- class="chat-footer__text" placeholder="我来说两句" />
  <div class="chat-footer__send">发送</div>
</div>
```

上述骨架代码由 input 标签和“发送”按钮组成，底部区域采用绝对定位固定在页面底部。样式代码如下：

```
.chat-footer__wrapper{
  z-index: 999;
  background-color: #fff;
  padding: 0 $side-padding;
  padding-bottom: constant(safe-area-inset-bottom);
  padding-bottom: env(safe-area-inset-bottom);
  box-sizing: border-box;
  display: flex;
  align-items: center;
  justify-content: space-between;
  position: fixed;
  bottom: 0;
  width: 100%;
  height: 100rpx;
  height: calc(100rpx+constant(safe-area-inset-bottom));
  height: calc(100rpx+env(safe-area-inset-bottom));
  border-top: 1rpx solid #EBEBEB;
  .chat-footer__input{
  // TODO 输入框样式
  }
  .chat-footer__send{
  // TODO 发送按钮样式
  }
}
```

容器.chat-footer__wrapper 内有不常用的 CSS 样式：constant 和 env。这两个属性可以判断当前是否为 iPhone 的 X、XR 等系列，使用它可以实现对苹果手机的适配。在开发过程中，底部有元素或内容时，针对 iPhone X 系列以后的手机，都可以考虑该适配方案。设置内容输入框，样式代码如下：

```
.chat-footer__input{
  flex: 1;
```

```
  background: #F5F5F5;
  padding: 10rpx 35rpx;
  margin-right: $side-padding;
  border-radius: 30px;
  font-size:24rpx;
  font-weight:bold;
  color: #000;
}
```

设置消息发送按钮，样式代码如下：

```
.chat-footer__send{
  width:120rpx;
  height:60rpx;
  background:rgba(30,164,115,1);
  border-radius:30rpx;
  line-height: 60rpx;
  text-align: center;
  font-size:24rpx;
  font-weight:bold;
  color: #fff;
  &:active{
    opacity: .8;
  }
}
```

对 iPhone X 等异形屏适配时，JS 判断手机型号也是一种思路。通过小程序 API 文档提供的获取设备信息接口，判断当前是否为需要适配的机型，对需要适配的机型，动态计算底部元素偏移量，完成适配。对机型适配的计算可以在进入小程序首页之前进行，保存为全局变量，以便后续页面使用。相较于使用 JS 判断手机型号动态调整页面底部元素的方案，通过 CSS 解决 iPhone X 等异形屏适配问题显得更加简洁。

注意：使用小程序原生的 tabbar，在 main.json 文件内配置后，无须适配机型，微信已经对相关机型适配。

搭建完页面底部区域后，开始搭建聊天滚动容器。对于聊天滚动，此处使用 scroll-view 作为滚动容器，代码如下：

```
<scroll-view
  scroll-y
  scroll-with-animation
  :scroll-into-view="lastId"
  class="chat-content__list">
  <div class="chat-content__wrapper"></div>
</scroll-view>
```

上述代码主要逻辑：设置容器纵向滚动，开启滚动动画，设置滚动定位，根据小程序官方文档可知，使用 scroll-into-view 属性可以将页面滚动到相匹配的 id 节点，通过该属性，可以实现最新消息处于页面最底端的需求。

页面骨架搭建完成后，开始绘制聊天的消息样式，包括头像、昵称和内容样式。消息样式属于常规的布局，样式调整完成后，代码如下：

```
.chat-content__list{
  height: 100%;
  box-sizing: border-box;
  .chat-content__wrapper{
    padding: $side-padding;
    padding-top: 0;
  }
  .chat-content__time{
    font-size:20rpx;
    color: #999;
    font-weight: bold;
    text-align: center;
    width: 100%;
    padding-top: 31rpx;
  }
  .chat-user__template{
    .chat-user__content{
      display: flex;
      align-items: center;
      .chat-user__avatar{
        flex-shrink: 0;
        margin: 16rpx 0;
        border-radius: 180px;
        overflow: hidden;
        & > img{
          width: 45rpx;
          height: 45rpx;
          border-radius: 90px;
          overflow: hidden;
          display: flex;
          align-items: center;
          justify-content: center;
        }
      }
      .chat-user__name{
        font-size: 20rpx;
        font-weight:500;
        color: #000;
        margin: 0 16rpx;
      }
    }
    .chat-user__msg{
      margin-left: 61rpx;
      font-size:24rpx;
      font-weight: bold;
      color: #333;
      background:rgba(245,245,245,1);
      border-radius: 0px 28px 28px 28px;
      padding: 16rpx;
      max-width: 75%;
    }
```

```
    }
    .chat-user__myself{
      .chat-user__content{
        flex-flow: row-reverse;
      }
      .chat-user__msg{
        border-radius: 28px 0px 28px 28px;
      }
    }
  }
```

根据上述代码调整后的效果如图 5.4、图 5.5 所示（图 5.4 模拟器效果；图 5.5 iPhone XR 效果）：

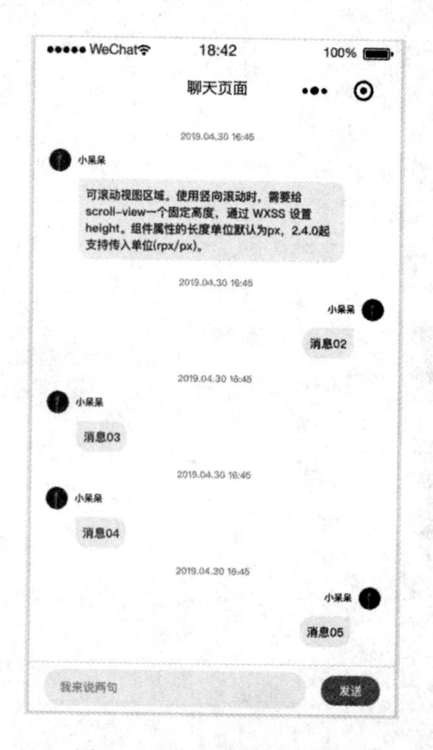

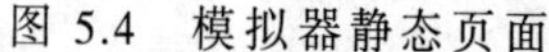
图 5.4　模拟器静态页面

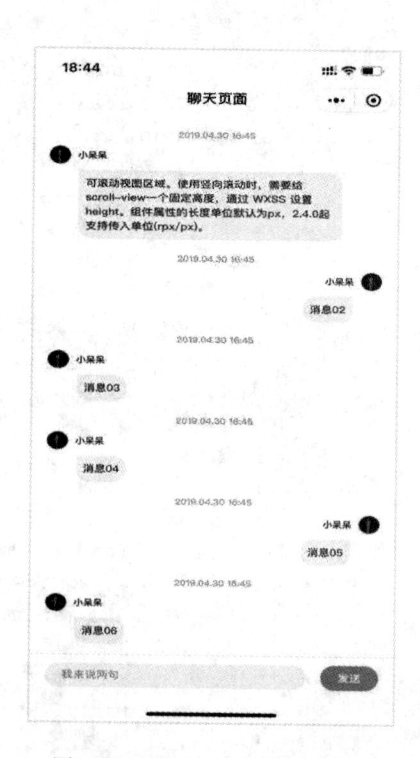

图 5.5　iPhone XR 静态页面

通过以上对页面的拆解，可帮助开发者有条理地完成聊天页面的制作。通过一步一步地拆解整个流程，完整地按照步骤实现，通过真机浏览后，暂时没有发现其他问题，对于聊天静态页面的制作暂时结束。在第 10 章，将会继续讲解基于数据实现动态的聊天功能。

5.3.2　轮播展示页

对于轮播展示，在 3.3 节内，使用小程序自带的 swiper 组件实现轮播功能。本小节着重讲解轮播展示页面的原理及使用。

对于轮播图而言，正常的使用逻辑为：在不滑动时，自动间隔 n 秒滑动图片，通过点击“上一页”和“下一页”按钮，自动切换图片。根据这一需求，结合第 4 章的动画效果，实现简单的 3D 轮播展示页，完成后的效果如图 5.6 所示。

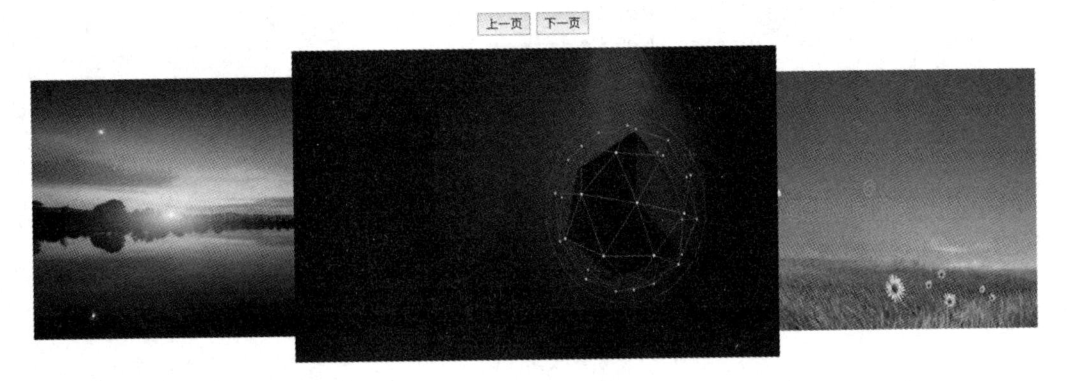

图 5.6　3D 轮播图

新建 HTML 页面，准备好 HTML 基本骨架后，开始页面骨架代码开发，新建页面容器，在 body 内新建 id="app"的 div，作为 Vue 框架的页面挂载点。通过 CDN 的方式引入库文件，完成后的骨架代码如下：

```
<!DOCTYPE html>
<html>
<head>
  <meta charset="utf-8" />
  <meta http-equiv="X-UA-Compatible" content="IE=edge">
  <title>3D 轮播图</title>
  <meta name="viewport" content="width=device-width, initial-scale=1">
  <script src="https://cdn.jsdelivr.net/npm/vue"></script>
  <style>
    /* TODO CSS Style */
  </style>
</head>
<body>
  <div id="app">
   <!-- TODO Slider container -->
  </div>
</body>
<script>
  // Vue 实例
  new Vue({
    el: '#app',
    data:{},
    methods:{}
  })
</script>
</html>
```

默认 CSS 样式放入<style>标签内，<div>标签为内容承载容器。Vue 实例内完成相关初始化工作，与业务逻辑相关内容放入此处。初始化轮播图容器，设置外部容器 3D 视距，内部将会通过 3D 展示。内容部分，通过 transform 属性，设置每张图片的位置信息。代码如下：

```
<div class="btn-wrap">
```

```
    <button type="submit" @click="prevHandle">上一页</button>
    <button type="submit" @click="nextHandle">下一页</button>
  </div>
  <div class="slider-container">
    <div class="slider-wrap">
      <!-- 轮播项 -->
    </div>
  </div>
```

骨架代码通过容器.slider-container声明3D视距。通过容器.slider-wrap声明整个容器使用3D展示，代码如下：

```
html,
body{
  height: 100%;
  width: 100%;
  margin: 0;
  padding: 0;
}
.btn-wrap{
  margin: 0 auto;
  text-align: center;
}
.slider-container{
  width: 1000px;
  height: 250px;
  margin: 0 auto;
  perspective: 1000px;                      // 声明3D视距
  overflow: hidden;
  padding: 2% 0;
}
.slider-wrap{
  width: 100%;
  height: 100%;
  transform-style: preserve-3d;             // 设置样式为3D样式
  background-color: #fff;
  margin: 0 auto;
  text-align: center;
  position: relative;
}
```

上述代码完成后，继续页面开发。通过JS代码计算图片位置信息，并且轮播图的素材通过数组维护，提高可扩展性。

轮播图原始数据数组如下：

```
sliderData: [{
  key: 0,
  path: './imgs/1.jpg'
}, {
  key: 1,
  path: './imgs/2.jpg'
}, {
```

```
    key: 2,
    path: './imgs/3.jpg'
  }, {
    key: 3,
    path: './imgs/4.jpg'
  }, {
    key: 4,
    path: './imgs/5.jpg'
  }, {
    key: 5,
    path: './imgs/6.jpg'
  }]
```

该数据维护在 data 对象内。完成数组构建后，渲染数据，具体代码如下：

```
  <div v-for="(item, index) in sliderData" :key="index" :style= "setItemStyle
(item, index)" class="slider-item">
    <img :src="item.path">
  </div>
```

通过 setItemStyle 方法设置样式信息，控制每个图片的位置。使用 for 循环，动态加载已声明数据。轮播的核心内容在于 setItemStyle()方法。此处采用简单的方式实现轮播：通过 5 张图片进行定位，中间位置分配一张图片，两边位置各分配两张图片。展示时，仅展示中间 3 张图片，另外两张图片隐藏。该方法需要计算整个展示视口的宽度。设置每张图片的宽度为 300 px，左右两侧图片，各自隐藏 100 px 的宽度到中间图片的两侧。这样整个轮播图有切换的效果。上述内容图解如图 5.7 所示。

图 5.7　样式效果

通过图 5.7 可知，每次控制 5 张图片的位置，即可完成轮播图切换效果，setItemStyle()方法实现，代码如下：

```
  // 声明左侧第一张图片的位置信息，基准值为初始化为 0 的 currentLen 字段，
  // 如果大于 0 则减 1，如果小于 0，则取数组最后 1 位数据
  const prevLen=this.currentLen-1>=0?this.currentLen-1:this.sliderData.
length-1
  // 声明左侧第二张图片的位置信息，计算方法与第一张图片类似，计算的基准值为第一张
图片位置
  const prevSecLen=prevLen-1>=0? prevLen-1:this.sliderData.length-1
  // 声明右侧第一张图片的位置信息
  const nextLen=this.currentLen+1>this.sliderData.length-1?0:this.
currentLen+1
  // 声明右侧第二张图片的位置信息
  const nextSecLen=nextLen+1>this.sliderData.length-1 ? 0 : nextLen + 1
```

```
if (this.currentLen===index){
  return{
    transform: `translateX(300px) scale(1.2)`,
    'z-index': 99
  }
} else if (prevLen===index){
  const flag=index-this.currentLen
  return{
    transform: `translateX(0)`,
    'z-index': 9
  }
} else if (prevSecLen===index){
  return{
    transform: `translateX(-400px)`,
    'z-index': 6
  }
} else if(nextLen===index){
  return{
    transform: `translateX(600px)`,
    'z-index': 9
  }
} else if(nextSecLen===index){
  return{
    transform: `translateX(1000px),
    'z-index': 1
  }
} else {
  // 除去 5 张控制位置的图片，剩余图片通过 opacity 属性隐藏，
  // 并且设置层级最低
  const flag=index-this.currentLen
  return{
    opacity: 0,
    'z-index': -1
  }
}
```

通过 currentLen 属性记录当前位置图片索引信息，控制当前正中心显示的图片。代码内计算每张图片位置索引信息，可以通过上述 4 个计算值实现：

```
const prevLen=this.currentLen-1 >=0?this.currentLen-1:this.sliderData.length-1
const prevSecLen=prevLen-1>=0?prevLen - 1:this.sliderData.length-1
const nextLen=this.currentLen+1>this.sliderData.length-1?0:this.currentLen+1
const nextSecLen=nextLen+1> this.sliderData.length-1 ? 0:nextLen+1
```

上述代码，根据 currentLen 属性值，动态计算左右两侧位置信息。在案例中，直接使用小程序提供的轮播<swiper>组件，对其中部分细节内容做简单介绍。

展示组件的骨架，代码如下：

```
<div class="ptf-mall__wrapper" :style="'margin-top:' + (navHeight+ 40) + 'px'">
```

```
  <swiper
    :autoplay="true"
    :indicator-dots="false"
    :circular="true"
    class="ptf-mall__swiper">
    <swiper-item class="ptf-mall__swiperItem">
      <image :src="swiperCover" class="slide-image" />
    </swiper-item>
  </swiper>
</div>
```

在容器.ptf-mall__wrapper 内，包裹着<swiper>组件。<swiper>组件内包含待展示内容。下面简单介绍<swiper>组件的属性含义：

- autoPlay：轮播图自动播放。
- indicator-dots：轮播图是否需要展示当前位置小点。
- circular：是否衔接滑动。

5.4 知识拓展

5.4.1 事件代理与委托

事件代理很多时候也称为事件委托。在 HTML 5 开发中经常需要监听列表中每一项的点击事件。如果为每一个列表项单独绑定点击事件，十分烦琐，且不利于 DOM 元素的渲染。根据浏览器事件处理特性，可以将列表项的点击事件委托父级元素监听器处理，该方法称为事件委托（冒泡）。

假设有一个 ul 的父节点，包含了很多个 li 的子节点：

```
<ul id="parent-list">
  <li id="post-1">Item 1</li>
  <li id="post-2">Item 2</li>
  <li id="post-3">Item 3</li>
  <li id="post-4">Item 4</li>
  <li id="post-5">Item 5</li>
  <li id="post-6">Item 6</li>
</ul>
```

当鼠标移动到<li>标签上时，需要获取当前 li 的相关信息，并浮现出悬浮窗以显示详细信息，或者当某个 li 被点击时，需要触发相应的处理事件。通常的写法是，为每个 li 都添加一些类似 onMouseOver 或者 onClick 之类的事件监听。

```
function addListeners4Li(liNode){
  liNode.onClick=function clickHandler(){...};
  liNode.onMouseOver=function mouseOverHandler(){...}
}
window.onload=function(){
  var ulNode=document.getElementById("parent-list");
  var liNodes=ulNode.getElementByTagName("Li");
  for(var i=0, l=liNodes.length; i<l; i++){
```

```
        addListeners4Li(liNodes[i]);
      }
    }
```

如果这个 ul 中的 li 子元素会频繁地添加或者删除，需要在每次添加 li 的时候都调用 addListeners4Li()方法来为每个 li 节点添加事件处理函数。这就增加了复杂度和出错的可能性。

更简单的方法是使用事件代理机制，当事件被抛到更上层的父节点时，通过检查事件的目标对象（target）来判断并获取事件源 li。代码如下：

```
    // 获取父节点，并为它添加一个 click 事件
    document.getElementById("parent-list").addEventListener("click",function(e){
      // 检查事件源 e.targe 是否为 Li
      if(e.target && e.target.nodeName.toUpperCase=="LI"){
        // 真正的处理过程在这里
        console.log("List item ",e.target.id.replace("post-")," was clicked!");
      }
    });
```

为父节点添加一个 click 事件，当子节点被点击时，click 事件会从子节点开始向上冒泡。父节点捕获到事件之后，通过判断 e.target.nodeName 来判断是否为需要处理的节点，并且通过 e.target 拿到被点击的 li 节点，从而可以获取到相应的信息，并做相关处理。

上述讲解事件代理的过程中，频繁出现的 2 个词：冒泡、捕获，下面将具体讲解浏览器的事件冒泡、捕获机制。

在讲解 DOM 事件模型时，简单讲解一下什么是 DOM，以及 DOM1、DOM2、DOM3 分别是什么。

DOM（文档对象模型）：是由 W3C 协会制定的标准，并且 DOM 是一种 API，与编程语言和平台都无任何关系。DOM 一共可以分为三级：DOM1、DOM2、DOM3。

（1）DOM1：定义的是 HTML 和 XML 文档的底层结构。

（2）DOM2：在 DOM1 的基础上，新增了更多的方法和属性。

（3）DOM3：在 DOM2 的基础上继续增加了更多的方法和属性，支持一些高级特性。

注意：此处仅简单地列举几个关于 DOM1～DOM3 级的知识点，更多的关于 DOM 相关的知识点，需要自行翻阅相关资料。

DOM1 级的事件处理方法，代码如下：

```
    <button id="myButton" type="button" onclick="alert('thanks');" >登录</button>
    var btn=document.getElementById("btn");
    btn.onclick=function(){
      alert(this.id);                    //this 指定当前元素 btn
    }
```

将点击事件应用在 HTML 和 JavaScript 上，上述例子属于 DOM1 级事件处理。

DOM2 级事件处理方法：在 DOM2 级中，新增加了 3 个事件：事件捕获阶段、处于目标阶段和事件冒泡阶段。

制定了处理监听事件的方法，包括监听和删除监听：

```
addEventListener(eventName,func,isPuhuo);
removeEventListener(eventName,func,isPuhuo);
```

上述方法共有3个属性：

（1）eventName：事件处理属性名称。

（2）func：事件处理函数。

（3）isPuhuo：是否在捕获的时候执行处理函数。

通过上述属性，也可以实现对事件的监听，例如：将上述DOM1级监听改为DOM2级。

```
var btn=document.getElementById("btn");
handler=function(){
    // TODO 执行函数逻辑
}
Btn.addEventListener("click",handler);
Btn.removeEventListener("click",handler,false);
```

通过上述改造，可以让DOM1级的事件监听变为DOM2级事件监听，但有如下需注意的地方：

（1）onClick变为click，DOM2级事件中，需要去掉DOM1级中的on。

（2）isPuhuo的值根据浏览器特性决定，一般默认值为false。

（3）通过addEventListener事件监听的函数，只能通过removeEventLinstener事件取消函数监听。

（4）在IE中表示DOM2级事件处理是通过attachEvent和detachEvent实现，并且默认只支持事件冒泡。

DOM2级还有基本的鼠标事件、键盘事件、焦点事件等，此处暂不展开讲解。

DOM3级事件处理：DOM3级在DOM2级的基础上，重新定义了部分事件，包括鼠标事件、键盘事件等，也新增了自定义事件。让开发者可以创建自己的事件，与标准事件进行区分。

对于事件的捕获和冒泡，不同的浏览器厂商有不同的处理机制，这里主要介绍W3C对DOM 2.0定义的标准事件。

DOM 2.0模型将事件处理流程分为3个阶段：事件捕获阶段、事件目标阶段、事件冒泡阶段，如图5.8所示。

（1）事件捕获：当某个元素触发某个事件（如onClick），顶层document对象就会发出一个事件流，随着DOM树的节点向目标元素节点流去，直到到达事件真正发生的目标元素。在这个过程中，事件相应的监听函数是不会被触发的。

（2）事件目标：当到达目标元素之后，执行目标元素对应事件的处理函数。

（3）事件冒泡：从目标元素开始，往顶层元素传播。途中如果有节点绑定了相应的事件处理函数，这些函数都会被依次触发。如果想阻止事件冒泡，可以使用e.stopPropagation()（Firefox）或者e.cancelBubble=true（IE）来阻止事件的冒泡传播。

通过上述介绍，开发者应该能够体会到使用事件委托对于Web应用程序带来的几个优点：

（1）管理的函数变少，减少对DOM的操作。不需要为每个元素都添加监听函数。

对于同一个父节点下面类似的子元素，可以委托给父元素的监听函数来处理事件。

（2）可以方便地动态添加和修改元素，不需要因为元素的改动而修改事件绑定。

（3）JavaScript 和 DOM 节点之间的关联变少，这样也就减少了因循环引用而带来的内存泄漏发生的概率。

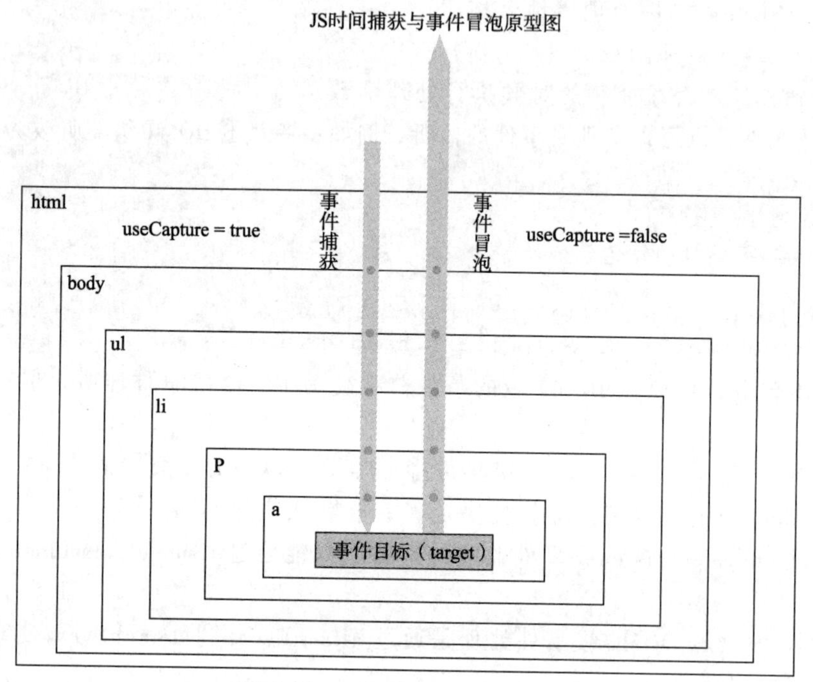

图 5.8 事件处理流程

5.4.2 函数去抖与节流

函数去抖（debounce）与函数节流（throttle）也是为解决特定场景的一种解决方法。以下场景往往由于事件频繁被触发，因而频繁执行 DOM 操作、资源加载等重载行为，导致 UI 停顿甚至浏览器崩溃。

（1）window 对象的 resize、scroll 事件。

（2）拖动时的 mousemove 事件。

（3）射击游戏中的 mousedown、keydown 事件。

（4）文字输入、自动完成的 keyup 事件。

window 的 resize 事件在浏览器窗口改变的过程中会被频繁触发，但实际需求中，浏览器窗口大小停止改变一段时间后执行后续处理。而其他事件大多的需求是以一定的频率执行后续处理。针对这两种需求就出现了 debounce 和 throttle 两种解决办法。

1. 函数去抖

（1）定义：如果用手指一直按住一个弹簧，它将不会弹起直到松手为止。也就是说，当调用动作 n 毫秒后，才会执行该动作，若在这 n 毫秒内又调用此动作则将重新计算执行时间。

（2）简单实现

```
/**
* 空闲控制：返回函数连续调用时，空闲时间必须大于或等于 idle，action 才会执行
* @param idle{number}      空闲时间，单位毫秒
* @param action {function}  请求关联函数，实际应用需要调用的函数
* @return {function}     返回客户调用函数
*/
debounce(idle,action)
var debounce=function(idle, action){
  var last
  return function(){
    var ctx=this, args=arguments
    clearTimeout(last)
    last=setTimeout(function(){
        action.apply(ctx, args)
    }, idle)
  }
}
```

2. 函数节流

（1）定义：如果将水龙头拧紧直到水是以水滴的形式流出，就会发现每隔一段时间，就会有一滴水流出。也就是说，预先设置一个执行周期，当调用动作的时刻大于或等于执行周期则执行该动作，进入下一个新周期。

（2）简单实现

```
/**
* 频率控制、返回函数连续调用时，action 执行频率限定为（次数/delay）
* @param delay  {number}     延迟时间，单位毫秒
* @param action {function}  请求关联函数，实际应用需要调用的函数
* @return {function}     返回客户调用函数
*/
throttle(delay,action)
var throttle=function(delay, action){
  var last=0return function(){
    var curr=+new Date()
    if (curr-last > delay){
      action.apply(this, arguments)
      last=curr
    }
  }
}
```

throttle 和 debounce 均是通过减少实际逻辑处理过程的执行来提高事件处理函数运行性能的手段，并没有实质上减少事件的触发次数。两者在概念理解上确实比较容易令人混淆，结合各 JS 库的具体实现进行理解效果将会更好。

小　　结

本章主要讲解前端交互中的事件模块，从简单的事件基础进行讲解，逐步完成较为复杂的事件使用。根据相关事件的搭配使用，完成应用开发，在学习完事件的知识点后，从性能等方面简单介绍事件代理与委托、函数去抖与节流的简单使用，帮助开发者在完成功能开发的基础上，进一步考虑性能等问题。

习　　题

一、选择题

1. 拖动事件中相关属性的叙述错误的是（　　）。
   A. ondragenter 事件：当拖动元素进入目标元素时触发的事件，此事件作用在目标元素上
   B. ondragstart 事件：当拖动元素开始被拖动时触发的事件，此事件作用在拖动元素上
   C. ondrop 事件：被拖动元素在目标元素上，同时放开鼠标时触发的事件，此事件作用在目标元素上
   D. ondragend 事件：当拖动完成后触发的事件，此事件作用在被拖曳元素上

2. 滑动事件中相关属性的叙述正确的是（　　）。
   A. mouseover:鼠标移入目标元素上方。该事件会触发冒泡，鼠标移到其后代元素上时会触发
   B. mouseout:鼠标移出目标元素上方，该事件会触发冒泡，鼠标移出其后代元素上时不会触发
   C. mouseenter:鼠标移入元素范围内触发，该事件触发冒泡，鼠标移到其后代元素上时不会触发
   D. mouseleave:鼠标移出元素范围时触发，该事件不冒泡，鼠标移到出后代元素时不会触发

3. 手机端滑动事件中相关叙述错误的是（　　）。
   A. touchstart: 当用户在触摸平面上放置了一个触点时触发，触点位置上是事件的目标节点
   B. touchend: 当一个触点被用户从触摸平面上移除（当用户将一个手指离开触摸平面）时触发。当触点移出触摸平面的边界时不会触发，例如用户将手指划出屏幕边缘
   C. touchmove: 当用户在触摸平面上移动触点时触发。事件的目标节点和 touchmove 事件对应的 touchstart 事件的目标节点相同。当触点的半径、旋转角度以及压力大小发生变化时，也将触发此事件
   D. touchcancel: 当触点由于某些原因被中断时触发

4. 使用滑动事件模拟长按事件中，使用到的事件为（　　）。

A. touchstart 事件　　B. touchmove 事件

C. mouseover 事件　　D. mouseout 事件

5. DOM2 级事件中，不包括的事件是（　　）。

A. 鼠标事件　　B. 键盘事件　　C. 焦点事件　　D. 自定义事件

二、判断题

1. 在 mpvue 中，可以使用@click 事件，向元素分配 onclick 事件。（　　）

2. 对 iphoneX 等异形屏适配时，只能使用 JS 方法。（　　）

3. 小程序轮播组件<swiper-item>可以单独使用。（　　）

4. 事件代理很多时候也被称为事件委托。（　　）

5. 函数去抖和函数节流实质上通过减少事件的触发次数来提高事件处理函数运行性能的手段。（　　）

三、填空题

1. HTML DOM 允许 JavaScript 对 HTML 事件做出反应，包括________、拖动事件、________和长按事件等。

2. 滑动事件在 PC 端又被称为________，HTML5 在 PC 端和移动端各有一套________规范。

3. 事件代理很多时候也被称为________。

4. 使用________属性可以将页面滚动到相匹配的 id 节点，通过该属性，可以实现最新消息处于页面最底端的需求。

5. 在使用滑动事件模拟长按事件时，通过________函数延迟 700 ms 触发弹框。

四、简答题

1. 简述消息发送页实现时的步骤与方法。

2. 简述函数去抖和函数节流的原理与区别。

第6章 网络请求模块

6.1 模块概述

网络请求模块思维导图如图 6.1 所示。

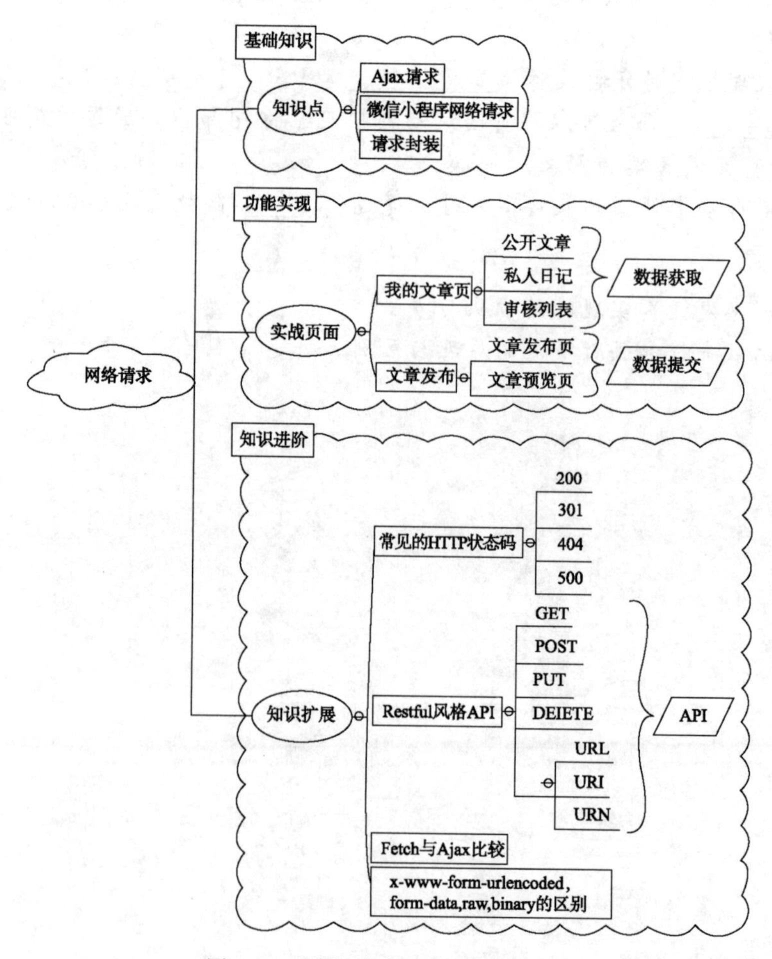

图 6.1　网络请求模块思维导图

本章主要讲解网络请求相关知识点。通过本章学习，可以了解网络请求在应用中的使用，包括 Ajax 请求和微信小程序网络请求。通过案例中的动态加载列表、数据录入页面，来展示网络请求交互在真实案例中的应用。在知识拓展部分，会进一步讲解网络请求相关的知识点，包括常用的 HTTP 状态码、Fetch 与 Ajax 的比较和 Ajax 提交类型的区别。

6.2　模块知识点

6.2.1　Ajax 请求

Ajax 是 Asynchronous JavaScript and XML 的缩写，意思是用 JavaScript 执行异步网络请求，是一种无须重新加载整个网页便能够更新部分网页的技术。

XMLHttpRequest 对象是 Ajax 请求的基础，目前主流浏览器（IE7+、Firefox、Chrome、Safari 以及 Opera）均内建 XMLHttpRequest 对象。

主流浏览器使用 XMLHttpRequest 对象：

```
Var XHR=new XMLHttpRequest();
```

老版本浏览器使用 ActiveX 对象：

```
Var XHR=new ActiveXObject("Microsoft.XMLHTTP");
```

为了应对所有的现代浏览器，包括 IE5 和 IE6，需要检查浏览器是否支持 XMLHttpRequest 对象。如果支持，则创建 XMLHttpRequest 对象。如果不支持，则创建 ActiveXObject，代码如下：

```
var xmlhttp;
if (window.XMLHttpRequest){
  // code for IE7+, Firefox, Chrome, Opera, Safari
  xmlhttp=new XMLHttpRequest();
  } else {
  // code for IE6, IE5
  xmlhttp=new ActiveXObject("Microsoft.XMLHTTP");
}
```

获取 xmlhttp 对象后，向服务器发起请求，可以使用 XMLHttpRequest（Activex）对象的 open()方法和 send()方法，代码如下：

```
xmlhttp.open("GET","test1.txt",true);
xmlhttp.send();
```

XMLHttpRequest 的使用方法如表 6.1 所示。

表 6.1　XMLHttpRequest 对象方法说明

方　　法	描　　述
open(method, url,async)	method：请求的类型；GET 或 POST。 url：请求地址，文件在服务器上的位置。 async：是否异步处理请求，true（异步）或 false（同步）
send(String)	将请求发送到服务器。 String：仅用于 POST 请求

HTTP

超文本传输协议（HyperText Transfer Protocol，HTTP）是一种无状态的协议，它位于 OSI 七层模型的传输层。用户根据需要在 HTTP 客户端使用相应请求方法，而 HTTP 服务器会根据不同的 HTTP 请求方法做出不同的响应。

（1）HTTP 版本。在 HTTP 的发展过程中，出现了很多 HTTP 版本，其中的大部分协议都是向下兼容的。在进行 HTTP 请求时，客户端在请求时会告诉服务器它采用的协议版本号，而服务器则会在使用相同或者更早的协议版本进行响应。

① HTTP/0.9：这是 HTTP 最早大规模使用的版本，现已过时。在这个版本中只有 GET 一种请求方法，HTTP 通信时既没有指定版本号，也不支持请求头信息。该版本不支持 POST 等方法，因此客户端向服务器传递信息的能力非常有限。HTTP/0.9 的请求只有如下一行：

```
GET www.baidu.com
```

② HTTP/1.0：这是第一个在 HTTP 通信中指定版本号的协议版本，HTTP/1.0 至今仍被广泛采用，特别是在代理服务器中。

HTTP/1.0 支持：GET、POST、HEAD 三种 HTTP 请求方法。

③ HTTP/1.1：这是当前正在使用的版本。该版本默认采用持久连接，并能很好地配合代理服务器工作。它还支持以管道方式同时发送多个请求，以便降低线路负载，提高传输速度。

HTTP/1.1 增加了 OPTIONS、PUT、DELETE、TRACE、CONNECT 五种 HTTP 请求方法。

④ HTTP/2：于 2015 年 5 月作为 HTTP 标准正式发布。HTTP/2 支持多路重用减少延迟，压缩 HTTP 头字段降低协议开销，同时增加对请求优先级和服务器端推送的支持。

（2）HTTP 请求方法。由于目前浏览器默认使用 HTTP1.1 协议，因此这里主要介绍 HTTP/1.1 协议中定义的 8 种 HTTP 请求方法，不同的方法规定了不同的操作指定的资源方式。服务端也会根据不同的请求方法做不同的响应。

① GET：GET 方法从指定的资源请求数据，只用于数据的读取。该方法请求指定的页面信息，并返回响应主体。由于 GET 方法会被网络蜘蛛等任意访问，因此被认为是不安全的方法。

② HEAD：HEAD 方法与 GET 方法一样，都是向服务器发出指定资源的请求。但是，服务器在响应 HEAD 请求时不会回传资源的内容部分，即响应主体。这样，可以在不传输全部内容的情况下，获取服务器的响应头信息。HEAD 方法常被用于客户端查看服务器的性能。

③ POST：POST 请求会向指定资源提交数据，请求服务器进行处理，如表单数据提交、文件上传等，请求数据会被包含在请求体中。

④ PUT：PUT 请求会向指定资源位置上传其最新内容。通过该方法客户端可以将数据传送给服务器，取代指定资源的内容。

⑤ DELETE：DELETE 请求用于请求服务器删除所请求 URI（统一资源标识符）所标识的资源。DELETE 请求后指定资源会被删除。

⑥ CONNECT：CONNECT 方法是 HTTP/1.1 协议预留的，能够将连接改为管道方式

的代理服务器。通常用于SSL加密服务器的连接与非加密的HTTP代理服务器的通信。

⑦ OPTIONS：OPTIONS请求与HEAD类似，一般也是用于客户端查看服务器的性能。这个方法会请求服务器返回该资源所支持的所有HTTP请求方法，该方法会用“*”来代替资源名称，向服务器发送OPTIONS请求，可以测试服务器的功能是否正常。JavaScript的XMLHttpRequest对象进行CORS跨域资源共享时，就是使用OPTIONS方法发送嗅探请求，以判断是否有对指定资源的访问权限。

⑧ TRACE：TRACE请求服务器回显其收到的请求信息，该方法主要用于HTTP请求的测试或诊断。

在HTTP/1.1标准制定之后，又陆续扩展了一些方法。其中使用中较多的是PATCH方法：

⑨ PATCH:PATCH方法出现得较晚,它在2010年的RFC 5789标准中被定义。PATCH请求与PUT请求类似，同样用于资源的更新。二者有以下两点不同：

- PATCH一般用于资源的部分更新，而PUT一般用于资源的整体更新。
- 当资源不存在时，PATCH会创建一个新的资源，而PUT只会对已存在资源进行更新。

6.2.2 微信小程序网络请求

微信小程序中，只能使用https作为网络请求，在开发阶段可以在开发者工具中勾选不验证https和ssl证书。但是想要上线应用，必须使用https，并且配置ssl证书才能通过审核。

注意：小程序配置的域名必须完成备案才能使用，备案流程大约20个工作日，需要提前准备。

微信小程序中发起https请求，可以调用提供的API方法wx.request()，该方法相关属性及说明如表6.2所示。

表6.2 wx.request()方法的属性及说明

属性	类型	默认值	必填	说明
url	string		是	开发者服务器接口地址
data	tring/object/Arraybuffer		否	请求的参数
header	object		否	设置请求的header，header中不能设置Referer。content-type默认为application/json
method	string	get	否	HTTP请求方法
dataType	string	json	否	返回的数据格式
responseType	string	text	否	响应的数据类型
success	function		否	接口调用成功回调函数
fail	function		否	接口调用失败回调函数
complete	function		否	接口调用结束的回调函数（调用成功、失败都会执行）

注：responseType属性最低支持微信基础库1.70版本。

method合法属性值，如表6.3所示。

表 6.3 method 属性值说明

值	说　明	值	说　明
OPTIONS	HTTP 请求 OPTIONS	PUT	HTTP 请求 PUT
GET	HTTP 请求 GET	DELETE	HTTP 请求 DELETE
HEAD	HTTP 请求 HEAD	TRACE	HTTP 请求 TRACE
POST	HTTP 请求 POST	CONNECT	HTTP 请求 CONNECT

dataType 合法属性值，如表 6.4 所示。

表 6.4 dataType 属性值说明

值	说　明
json	返回的数据为 JSON，返回后会对返回的数据进行一次 JSON.parse
其他	不对返回的内容进行 JSON.pars

responseType 合法属性值，如表 6.5 所示。

表 6.5 responseType 属性值说明

值	说　明
text	响应的数据为文本
arraybuffer	响应的数据为 ArrayBuffer

success 回调函数，如表 6.6 所示。

表 6.6 回调函数值说明

值	类　型	说　明
data	string/Object/Arraybuffer	开发者服务器返回的数据
statusCode	number	开发者服务器返回的 HTTP 状态码
header	Object	开发者服务器返回的 HTTP Response Header

data 参数说明：

最终发送给服务器的数据是 String 类型，如果传入的 data 不是 String 类型，会被转换成 String 。转换规则如下：

（1）对于 GET 方法的数据，会将数据转换成 query string(encodeURIComponent(key)=encodeURIComponent(val)&encodeURIComponent(key)=encodeURIComponent(val)...)。

（2）对于 POST 方法且 header['content-type']为 application/json 的数据，会对数据进行 JSON 序列化。

（3）对于 POST 方法且 header['content-type']为 application/x-www-form-urlencoded 的数据，会将数据转换成 query string (encodeURIComponent(key)=encodeURIComponent(val)&encodeURIComponent(key)=encodeURIComponent(val)...)。

6.2.3 请求封装

请求的相关代码会在各个页面内多次使用，可以将公共代码进行简单的封装。本节具体讲解请求的封装流程。当前项目为了简化开发流程，选择 flyio 作为基础请求库，基于 flyio 库对请求代码进行封装。

flyio 库是一个轻量级的请求库，支持小程序、浏览器、node.js 等环境，基于 promise 操作，简化请求流程。如果不想使用 flyio 库，也可以使用微信小程序原生请求 API 接口。当 flyio 运行在微信环境时，也是调用微信小程序 API 接口，将微信请求接口进行二次封装，有兴趣的开发者可以查看 flyio 库的源代码。

注意：小程序不是基于 Ajax 发送请求，因为小程序内部没有 window 全局对象，因此没有 XMLHttpRequst 对象，所以类似于 JQuery 这类基于 XMLHttpRequest 对象封装的请求库无法在小程序内使用。

案例将请求库封装在参考案例文件夹/src/utils/request.js 内。使用 npm 命令安装 flyio 库，命令如下：

```
npm install flyio -save
```

安装完成后，main.js 内引入请求库，代码如下：

```
const Fly=require('flyio/dist/npm/wx')          // npm 引入方式
const fly=new Fly() // 创建 fly 实例
```

在 flyio 库的基础上，对请求发起前全局拦截功能和收到响应后全局拦截功能进行封装。

请求前拦截功能可以用于前端的安全认证。有 JWT 认证或 cookie 认证等需求时，可以通过请求前的全局拦截函数，加入需要上传的 token 或 cookie 信息，例如，将数据放入 http 请求的 header 或 body 里，也可以通过 query 的方式加入到 url 中。

案例中的 API 接口，均通过 flyio 的 request 拦截方法把 token 放到请求头内，代码如下：

```
fly.interceptors.request.use((config)=>{
  // 给所有请求添加自定义 header
  config.headers['X-Tag']='flyio'
  config.headers['Authorization']=`Bearer ${getToken()}` || ''
  return config
})
```

flyio 通过 fly.interceptors.request.use()方法，将需要请求的数据拦截。在请求头内放入'Authorization'的 token 认证头信息，将 token 发送到后端服务器，避免每个请求单独放置。

收到服务器响应后触发拦截方法，对返回信息进行简单的过滤操作。例如，对返回状态码不属于 2××的请求进行全局拦截，通过统一抛错处理，过滤在 http 状态码层级的错误，简化程序内对错误处理的场景。对服务器响应信息进行拦截，代码如下：

```
fly.interceptors.response.use(
  (response)=>{
    // 只将请求结果的 data 字段返回
    return response.data
  },
  (error)=>{
```

```
      if (error.status===401) {                    // 登录超时
        removeToken()
      } else if (error.status===406) {             // 放行 406 报错

      } else if (error.status===500) {             // 全局拦截 500 服务器错误
        wx.showToast({
          title: '服务器异常，请联系开发人员！',
          icon: 'none'
        })
      } else { // 其余情况，统一报错系统异常。
        wx.showToast({
          title: '系统异常，请重试！',
          icon: 'none'
        })
      }
      return error.status
    }
  )
```

上述代码判断了标准的 http 状态码，拦截了 401、500 异常状态码，放行了 406 状态码，交由业务层处理。另外，对于业务内前后端约定的自定义数据状态码，可以在 response 返回时进行相关的拦截操作。

将上述代码封装完成后，暴露出 fly 实例，代码如下：

```
export default fly
```

完整的请求库封装完成后，基于 promise 的特性，可以进一步封装请求库，在/src/api 目录下，创建需调用接口的 API 文件。例如，在/src/api/login.js 内可以放入与登录相关的请求接口，根据文件内的方法发起请求，对 request 请求库再次进行封装。

flyio 请求库通过 export 暴露 fly 实例，因此通过 import 引入，代码如下：

```
import request from '@/utils/request'
```

对接口进行简单的封装，以 get 请求为例，代码如下：

```
// 登录认证
export function getAuth (code){
  return new Promise(function (resolve, reject){
    request.get('/auth', {
      code
    })
    .then(res=>{
      resolve(res)
    })
    .catch(function(e){
      reject(e)
    })
  })
}
```

在代码内调用 fly 实例的 GET 请求，输入 URL 地址以及需要传递的参数，当请求完成后返回 promise 对象。通过.then()和.catch()方法接收服务器返回的数据，并将结果继续通过新的 promise 对象抛出。在应用中，如果调用 getAuth()方法，可以通过.then()或.catch()

方法获取返回信息。

上述代码是对请求库的关键封装，通过上述两部分的封装，直接调用/src/api 文件夹内添加的各个 API 方法，即可完成数据的请求。不用单独为每个请求添加 token 字段，为每个请求做错误拦截，通过全局拦截方法完成操作。简化 API 操作流程。

URL 前缀信息是通过/config/dev.env.js 文件进行设置，定义如下：

```
var merge=require('webpack-merge')
var prodEnv=require('./prod.env')
module.exports=merge(prodEnv, {
  NODE_ENV: '"development"',
  BASE_API: '" https://lucky.pathfinder666.cn"'
})
```

通过 BASE_API 变量定义 URL 前缀。URL 的拼接位置在/src/utils/request 文件内，代码如下：

```
// 配置请求基地址
fly.config.baseURL=process.env.BASE_API
```

注意：对于不同环境，可以配置不同 BASE_API 变量，根据文件名，可以判断当前配置地址适用于哪种环境。

6.3 应 用 实 践

6.3.1 动态加载列表页

动态列表加载功能将会在应用中的很多地方使用。下面以“我的文章”相关界面为例，讲解数据的动态加载。“我的文章”页面如图 6.2 所示。

图 6.2　我的文章页面

根据图 6.2 对页面进行简单的分析，具体流程如下：点击“我的文章”→“默认展示公开文章数据”→“切换”，展示相对应的数据。根据此流程，可以对页面进行分解。

进入小程序后，根据提供的接口地址获取公开文章数据，如图 6.3 所示。

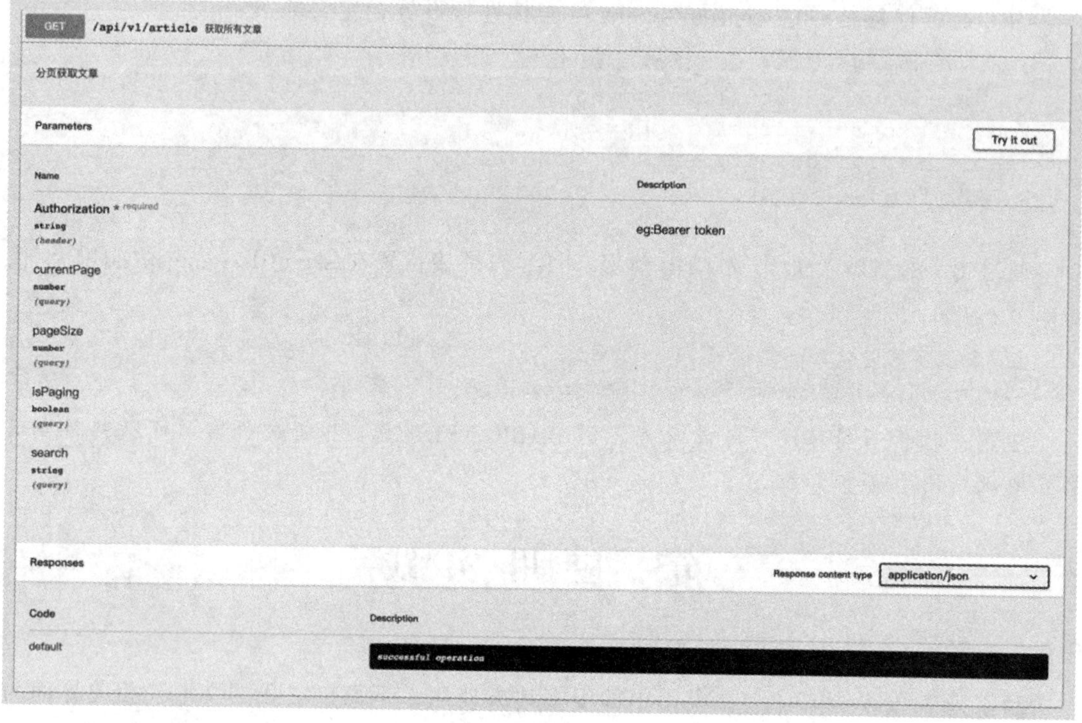

GET /api/v1/article 获取所有文章

分页获取文章

Parameters

Try it out

Name	Description
Authorization * required string (header)	eg:Bearer token
currentPage number (query)	
pageSize number (query)	
isPaging boolean (query)	
search string (query)	

Responses

Response content type: application/json

Code	Description
default	successful operation

图 6.3　接口地址

根据上述需求，开发骨架代码如下：

```
<template>
  <div>
    <custom-tabs :tabs="tabs" :activedIndex="0" @checkedItem="checkedItem">
</custom-tabs>
    <div class="tab-items">
      <div v-if="tabIndex===0">
        <public-view :item-data="tabItemData"></public-view>
      </div>
      <div v-else-if="tabIndex===1">
        <private-view :item-data="tabItemData"></private-view>
      </div>
      <div v-else-if="tabIndex===2">
        <audit-view :item-data="tabItemData"></audit-view>
      </div>
    </div>
  </div>
</template>
```

引入自定义 tabs 组件，通过 tabIndex 属性值控制组件的显示与隐藏，通过暴露的 checkedItem 方法实现 tabIndex 属性值的切换，获取当前选中的 item，切换选中效果，代码如下：

```
methods:{
  checkedItem (index, items){
    this.tabIndex=index
    let articleType=0
    if (index===1){
      articleType=-1
    } else if (index===2){
      articleType=1
    }
    const payload={
      search:{
        user: getUser(),
        articleType
      },
      pageSize: 10
    }
    this.fetchData(payload)
  }
}
```

上述代码通过 articleType 字段区分需要请求的文章类别，0 代表待审核文章，-1 代表私人日记，1 代表公开文章。数据组合完成后，通过 fetchData()函数，对后端接口发起请求。代码如下：

```
fetchData (payload){
  postArticleByUser(payload).then((resData)=>{
    console.log(resData)
    const { data:{ list }, code }=resData
    if (code===0){
      this.tabItemData=list
    }
  })
}
```

上述代码使用 postArticleByUser（ ）方法请求当前数据。该方法通过 import 引入,代码如下：

```
import { postArticleByUser } from '@/api/article'
```

在 6.2.3 节已经将 flyio 请求库进行二次封装,此处直接使用已经封装完成的请求库。代码如下：

```
/src/api/article
import request from '@/utils/request'
export function postArticleByUser (reqData){
  return new Promise(function (resolve, reject){
    request.post('/v1/articleByUser',{
      ...reqData
    })
      .then(res=>{
        resolve(res)
      })
```

```
        .catch(function (e){
          reject(e)
        })
    })
  }
```

通过 export 暴露 postArticleByUser（ ）方法返回 promise 对象。完成 POST 请求，语法如下：

```
request.post([url], [payload])
```

flyio 返回 promise()方法，可以通过.then 和.catch 处理正常请求和异常报错。根据上述流程可以将整个请求发到后端进行处理。整个处理流程如下：

（1）页面内调用请求方法传递必要参数。

（2）调用/src/api 文件内封装好的请求方法。

（3）将参数进一步传递给 request(flyio)，发送给后端处理。

整个请求属于异步操作，等待服务器返回数据后，调用 flyio 的监听函数对回调数据做全局拦截，并对数据进行初步处理。完成后继续交由业务侧执行，执行顺序如下：

（1）调用/src/api 内的.then()或者.catch()方法。

（2）通过 promise()继续将相应的值返回。

（3）页面内通过监听.then()和.catch()方法，处理相应数据。

上述是一次请求所经过的所有流程，通过上述代码可以看出，对请求进行了三次封装。虽然上述流程比直接调用 wx.request()方法更加复杂，但是通过该封装，可以少写许多重复代码。例如，每次请求的异常返回，通过全局拦截即可处理，无须到每个请求中单独处理。通过/src/api 对请求再次封装，在减少重复代码的同时，通过 api 文件将同类型或同功能的请求放到一个文件内，便于后期维护。

获取完数据后，将得到的数据显示到页面内，完成请求和渲染数据的完整流程。下面简要介绍自定义 tabs 组件的代码封装，代码如下：

```
  <template>
    <div>
      <div class="pt-tabs__container">
        <div
          v-for="item in tabs"
          :key="item.key"
          :style="[item.key===indexed ? {color: activedColor} : {color:
color}]"
          :class="[item.key===indexed ? 'tabs-isActive' : '']"
          @click="checkedItem(item)"
          class="pt-tabs__items">
          <div>{{item.value}}</div>
        </div>
      </div>
    </div>
  </template>
  <style>
  .pt-tabs__container{
    display: flex;
```

```
  align-items: center;
  justify-content: space-around;
  .tabs-isActive{
    color: #1EA473;
    position: relative;
    &:after{
      position: absolute;
      bottom: -15rpx;
      content: '';
      width: 110%;
      margin-left: -5%;
      height: 6rpx;
      background:rgba(30,164,115,1);
      border-radius:3px;
    }
  }
  .pt-tabs__items{
    font-size: 32rpx;
    color: #333;
  }
}
</style>
```

custom-tabs 骨架代码通过 flex 布局完成。其核心是通过如下代码控制其样式，代码如下：

```
:style="[item.key===indexed ? {color: activedColor} : {color: color}]"
:class="[item.key===indexed ? 'tabs-isActive' : '']"
  @click="checkedItem(item)"
```

通过 sytle 属性改变选中时的样式，将样式加入 tabs-isActive 类名。此处采用 Vue 的标准语法，但需要注意 mpvue 中无法使用复杂的表达式。点击列表项时触发 checkedItem()方法，代码如下：

```
<script>
export default{
  props:{
    tabs:{
      type: Array,
      default:[
        {
          key: 0,
          value: '评论'
        }, {
          key: 1,
          value: '关注'
        }, {
          key: 2,
          value: '喜欢'
        }, {
          key: 3,
          value: '通知'
```

```
        }
      ]
    },
    color:{
      type: String,
      default: '#333'
    },
    activedColor:{
      type: String,
      default: '#1EA473'
    },
    activedIndex:{
      type: Number,
      default: 0
    }
  },
  watch:{
    activedIndex: function (index, oldIndex){
      this.indexed=index
    }
  },
  data(){
    return{
      indexed: this.activedIndex
    }
  },
  methods:{
    checkedItem (item){
      const { key }=item
      this.indexed=key
      this.$emit('checkedItem', key, item)
    }
  }
}
</script>
```

props对象：获取从父组件传递的参数。default代表默认值，type代表当前传递进来值的类型。此处声明的数据表示，如果要从父组件传递对应的数据，就使用父组件传递进来的数据；如果没有传递的数据，就使用default声明的默认数据。这里使用CSS3控制选中样式可以让组件更具可扩展性。关于父子组件之间传递参数，此处暂不过多赘述，在第10章将会具体介绍，有兴趣的也可以暂时移步到10.2.4节查看Vue的几种传参方法。

完成数据封装和功能模块后，可以对代码做进一步优化。在实际场景中需要考虑，如果用户点击速度过快，程序中每次点击调用接口，不利于用户体验，并且增加服务器压力，有许多未知风险。因此，可以根据第5章介绍的函数截流帮助减少请求量。当用户在某个时间点停止点击后再发起请求，减少请求量。

通过上述步骤的搭建和优化，动态数据展示页面就搭建完成，对于更高的用户体验等需求，还可以在切换时加入切换动画，或者通过手势操作数据的加载（上拉刷新、下拉加载）等优化方案。对于上述说到的函数截流、上拉加载等知识点，已经在前面章节详细讲述。开发者可以结合相关知识点，对相关知识加以运用。

6.3.2　文章发布页

讲解完数据加载后，本节将以“发布文章”页作为案例，讲解文章上传时，如何将数据提交到服务器端。

“发布文章”页以表单录入为主，同时介绍文章预览页面。录入时，支持富文本格式，案例如图 6.4、图 6.5 所示。

图 6.4　发布“文章”页

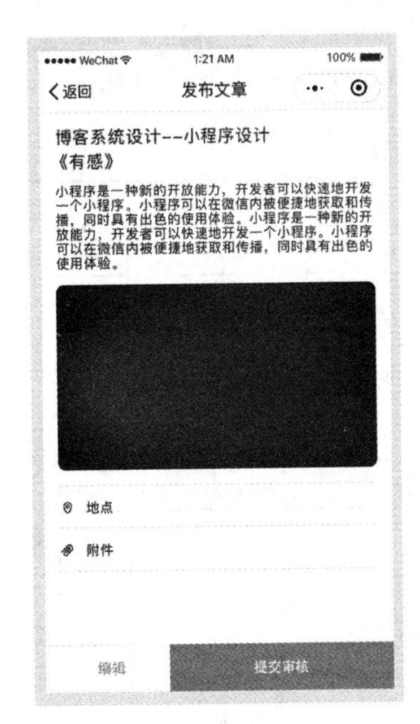

图 6.5　文章预览页

根据图 6.4 对页面进行拆分，具体如下：

文章标题→编辑正文→富文本按钮→底部按钮。

根据上述分析可知，任务点包括富文本按钮的切换效果、相关按钮的作用、底部按钮组件复用和输入文字时键盘定位。

根据图 6.5 可知，除底部按钮，其余页面元素可以复用文章详情页，对相关组件进行整理封装。

案例使用小程序的富文本编辑器（editor）进行二次开发，如果有特殊需求，也可以使用第三方富文本编辑器。

注意： 富文本编辑器的最低支持版本为 2.7，如果需要适配老版本库，需考虑其他第三方富文本编辑器。

对页面分析完成后，开始静态页面开发。代码如下：

```
<div class="ptf-release__title">
  <input v-model="title" placeholder="请输入文章标题" />
</div>
<div class="ptf-release__content">
  <editor
```

```
    id="editor"
    class="ql-container"
    placeholder="请编辑正文"
    showImgSize
    showImgToolbar
    showImgResize
    @statuschange="onStatusChange"
    @ready="onEditorReady">
  </editor>
</div>
```

editor 组件属性及说明如表 6.7 所示。

表 6.7　editor 组件属性及说明

属　性	类　型	默认值	必　填	说　明	最低版本
read-only	boolean	false	否	设置编辑器为只读	2.7.0
place	holder	string	否	提示信息	2.7.0
show-img-size	boolean	false	否	点击图片时显示图片大小控件	2.7.0
show-img-toolbar	boolean	false	否	点击图片时显示工具栏控件	2.7.0
show-img-resize	boolean	false	否	点击图片时显示修改尺寸控件	2.7.0
bindready	event	handle	否	编辑器初始化完成时触发	2.7.0
bindfocus	event	handle	否	编辑器聚焦时触发，event.detail = {html, text, delta}	2.7.0
bindblur	event	handle	否	编辑器失去焦点时触发，detail = {html, text, delta}	2.7.0
bindinput	event	handle	否	编辑器内容改变时触发，detail = {html, text, delta}	2.7.0
bindstatuschange	event	handle	否	通过 Context 方法改变编辑器内样式时触发，返回选区已设置的样式。	2.7.0

上述代码中使用 statuschange 方法，用于检测内容变化，将新的 context 对象保存在临时变量内，该使用方法代码如下：

```
onStatusChange(){
  const that=this
  wx.createSelectorQuery().select('#editor').context(function (res){
    that.editorCtx=res.context
  }).exec()
}
```

通过搭建 title 和 content 骨架，调整好标题和内容输入部分。观察设计稿可知，该页面搭建难度在于底部导航条，因此下面着重讲解：

第一排按钮在默认情况下为隐藏状态，每个图标有两种状态：常规状态及选中状态。第二排按钮在默认情况下为常规状态。视频与音频之间，属于互斥状态，即选中视频后，无法选取音频，反之亦然。相关按钮状态如图 6.6 所示。

图 6.6　按钮状态

在图 6.6 中需要点击第二排 A 元素才能显示第一排元素，并且第一排按钮有左右滑动效果。左右按钮滑动可以通过小程序提供的滑动组件<scroll-view>实现。字体样式和图标样式的变化可以根据富文本编辑器提供的 API 方法实现。

第一排按钮实现代码如下：

```
<div v-if="moreItem" class="ptf-scroll__wrap">
  <scroll-view
  scroll-x
  enable-flex
  :scroll-into-view="scrollId"
  @scroll="scrollHandle"
  class="ptf-scroll__buttoms">
    <div
      class="release-buttom__item"
      @click="formatHandle('bold')">
      <image v-if="activeIndex === 'bold'" :src="boldActiveIcon" />
      <image v-else :src="boldIcon" />
    </div>
    <div
      class="release-buttom__item"
      @click="formatHandle('italic')">
      <image v-if="activeIndex === 'italic'" :src="italicActiveIcon" />
      <image v-else :src="italicIcon" />
    </div>
    <div
      class="release-buttom__item"
      @click="formatHandle('underline')">
      <image v-if="activeIndex === 'underline'" :src="underlineActiveIcon" />
      <image v-else :src="underlineIcon" />
    </div>
    <div
      class="release-buttom__item"
      @click="formatHandle('header', 'H1')">
```

```
        <image v-if="activeIndex==='H1'" :src="H1ActiveIcon" />
        <image v-else :src="H1Icon" />
      </div>
      <div
        class="release-buttom__item"
        @click="formatHandle('header', 'H2')">
        <image v-if="activeIndex==='H2'" :src="H2ActiveIcon" />
        <image v-else :src="H2Icon" />
      </div>
      <div
        class="release-buttom__item"
        @click="formatHandle('header', 'H3')">
        <image v-if="activeIndex==='H3'" :src="H3ActiveIcon" />
        <image v-else :src="H3Icon" />
      </div>
      <div
        class="release-buttom__item"
        @click="formatHandle('header', 'H4')">
        <image v-if="activeIndex==='H4'" :src="H4ActiveIcon" />
        <image v-else :src="H4Icon" />
      </div>
      <div
        id="endView"
        class="release-buttom__item"
        @click="formatHandle('header', 'H5')">
        <image v-if="activeIndex==='H5'" :src="H5ActiveIcon" />
        <image v-else :src="H5Icon" />
      </div>
    </scroll-view>
    <div class="ptf-scroll__next" @click="rightView">
      <image :src="rightIcon" />
    </div>
  </div>
```

通过<scroll-view>组件，包裹每个选项元素，并且为每个选项元素设置点击事件。通过设置 activeIcon 的属性值，判断选中的选项元素，在切换时，设置选中效果，根据选中效果设置不同的样式图标。点击事件全部封装在 formatHandle()方法内，代码如下：

```
  formatHandle (key, val){
    console.log(key, val)
    if (val){
      this.activeIndex=val
      this.editorCtx.format(key, val)
    } else{
      this.activeIndex=key
      this.editorCtx.format(key)
    }
  }
```

通过该方法即可实现 activeIndex 属性值的切换，达到控制当前选中元素的目的。在完成点击事件切换后，有个待优化点，点击最右侧的图标时，可以缓慢地滑动到最后一个元素的位置。该功能可以通过<scroll-view>的 scroll-s-view 属性实现缓慢定位到选中元素所在位置。<scroll-view>组件的属性及说明如表 6.8 所示。

表 6.8　〈croll-view〉组件的属性值及说明

属　　性	类　　型	默认值	必　填	说　　明
scroll-x	boolean	false	否	允许横向滚动
scroll-y	boolean	false	否	允许纵向滚动
upper-threshold	number/string	50	否	距顶部/左边多远时，触发 scrolltoupper 事件
lower-threshold	number/string	50	否	距底部/右边多远时，触发 scrolltolower 事件
scroll-top	number/string		否	设置竖向滚动条位置
scroll-left	number/string		否	设置横向滚动条位置
scroll-into-view	string		否	值应为某子元素 id（id 不能以数字开头）。设置哪个方向可滚动，则在哪个方向滚动到该元素
scroll-with-animation	boolean	false	否	在设置滚动条位置时使用动画过渡
enable-back-to-top	boolean	false	否	iOS 点击顶部状态栏，安卓双击标题栏时，滚动条返回顶部，只支持竖向
enable-flex	boolean	false	否	启用 flexbox 布局。开启后，当前节点声明了 display: flex 就会成为 flex container，并作用于其孩子节点
scroll-anchoring	boolean	false	否	开启 scroll anchoring 特性，即控制滚动位置不随内容变化而抖动，仅在 iOS 下生效；安卓下可参考 CSS overflow-anchor 属性
bindscrolltoupper	eventhandle		否	滚动到顶部/左边时触发
bindscrolltolower	eventhandle		否	滚动到底部/右边时触发
bindscroll	eventhandle		否	滚动时触发，event.detail = {scrollLeft, scrollTop, scrollHeight, scrollWidth, deltaX, deltaY}

通过 scroll-into-view 属性，将最后一个元素的 id 设置为默认值，可以实现点击右箭头自动滑动到最后一个元素所在位置。在触发滑动时，将 scrollId 的属性值设置为空。在点击右箭头后，将 scrollId 的属性值设置为最后一位元素的 id 值，以此达到控制滑动的目的，具体代码如下：

```
<div
  id="endView"
  class="release-buttom__item"
  @click="formatHandle('header', 'H5')">
  <image v-if="activeIndex==='H5'" :src="H5ActiveIcon" />
  <image v-else :src="H5Icon" />
</div>
// 控制刷新
scrollHandle(){
  this.scrollId=''
},
rightView(){
```

```
  this.scrollId = 'endView'
}
```

通过上述步骤，可以完成整个第一排组件的开发。

因为已经固定选项元素，第二排组件直接采用 Flex 布局完成排版。代码如下：

```
<div class="ptf-release__buttoms">
  <div class="release-buttom__item" @click="insertVideo">
    <image v-if="videoPath" :src="videoActiveIcon"/>
    <image v-else-if="! videoPath && audioPath" :src="videoDisableIcon"/>
    <image v-else  :src="videoIcon"/>
  </div>
  <div class="release-buttom__item" @click="insertAudio">
    <image v-if="audioPath" :src="audioActiveIcon" />
    <image v-else-if="!audioPath && videoPath" :src="audioIcon" />
    <image v-else :src="audioDisableIcon" />
  </div>
  <div class="release-buttom__item" @click="insertImage">
    <image :src="imageIcon" />
  </div>
  <div class="release-buttom__item" @click="insertFontStyle">
    <image v-if="!moreItem" :src="fontIcon" />
    <image v-else :src="fontActiveIcon" />
  </div>
  <div class="release-buttom__item" @click="undoHandle">
    <image :src="undoIcon" />
  </div>
  <div class="release-buttom__item" @click="redoHandle">
    <image :src="restoreIcon" />
  </div>
</div>
```

通过参数 videoPath 和 audioPath 判断第二排视频和音频元素是否互斥显示。通过上述分解，完成底部菜单栏开发，完整代码可以参看案例源码。

6.4 知 识 拓 展

6.4.1 常用 HTTP 状态码

当浏览器与服务器进行交互时，每次服务器给浏览器返回数据，会在 http 信息头返回当前状态码，通过常见状态码，可定位当前请求的具体状态。

常见的 HTTP 状态码如下：

（1）200：请求成功。

（2）301：资源被永久转移到其他 URL。

（3）404：请求的资源不存在。

（4）500：服务器内部错误。

状态码由 3 个十进制数字组成，第一个数字决定当前状态码类型，共分为 5 种类型：

（1）1××：服务器接收到请求，需要请求者继续执行操作。

（2）2××：成功，操作被成功接收并处理。

（3）3××：客户端浏览器必须采取更多操作来实现请求。

（4）4××：客户端错误，请求包含语法错误或者无法完成请求。

（5）5××：服务器错误，服务器在处理请求的过程中发生了错误。

了解常用的 HTTP 状态码，可以让前端开发人员更好地与后端开发人员配合，现在较为流行的 RestfulAPI 风格，更是频繁地使用常用状态码，通过状态码，可以节省沟通时间。

6.4.2 Restful 风格 API

Restful 风格有如下特点：

（1）每一个 URI 代表一种资源。

（2）客户端使用 GET、POST、PUT、DELETE 四个表示操作方式的动词对服务端资源进行操作：GET 用来获取资源；POST 用来新建资源（也可以用于更新资源）；PUT 用来更新资源；DELETE 用来删除资源。

（3）通过操作资源的表现形式来操作资源。

（4）资源的表现形式是 XML 或者 HTML。

（5）客户端与服务端之间的交互在请求之间是无状态的，从客户端到服务端的每个请求都必须包含理解请求所必需的信息。

如果设计的 API 需要符合上述特点，即可称为 Restful API。但是因为 Restful API 本身为一种规范约束，因此，对于实际使用中，可以根据 Restful 风格特点设计 API 接口。对于前端开发人员而言，只需要根据提供的接口完成相应接口的调用即可。

此处不对 Rest 一词做更深层次的研究，只简单介绍 Restful 风格的 API 的应用。在讲到 API 后，此处也简单讲解一下 URI、URL、URN 之间的关系，如图 6.7 所示。

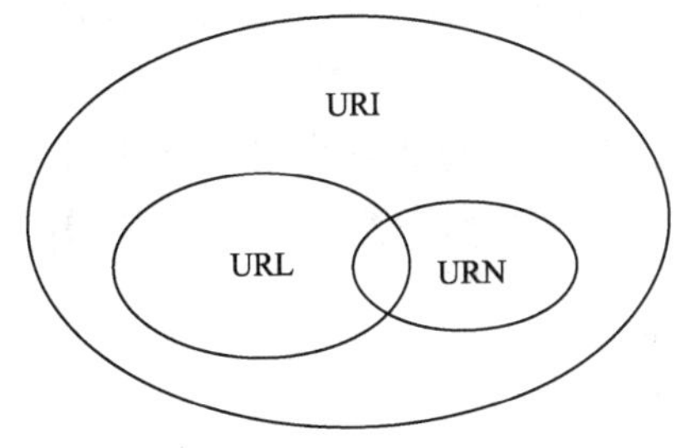

图 6.7 URI、URL、URN 之间的关系

URI 包含 URL、URN。URI 是统一资源标识符；URL 是统一资源定位符；URN 是统一资源名称。

6.4.3 Fetch 与 Ajax 比较

Ajax 使用 XMLHttpRequest 对象发起请求数据。

Fetch 是全局 window 的一个方法，采用 Promise 的异步封装。

相较于 Ajax，Fetch 的请求方式更加接近当前的异步操作，但是浏览器的兼容性没有 Ajax 好。在实际使用 Fetch 的过程中，也发现许多问题需要解决：

（1）对于 HTTP 状态码的非 2××状态，当作成功处理，需自行拦截处理。

（2）Fetch 不支持超时控制。

（3）无法监控上传进度，在文件上传过程中无法知晓当前上传进度。

在前端请求库中，使用比较频繁的请求库 JQuery Ajax、Axios 等，都是对 Ajax 的二次封装，特别是 Axios 请求库，经过封装后，可以实现 Promise 风格的请求方式。虽然

Fetch 的请求方式在使用过程中更加接近当前的 ES6 规范格式，但是在实际应用场景中，Ajax 的使用更加广泛。

6.4.4 form-data、x-www-form-urlencoded、raw、binary 的区别

在 HTTP 传输过程中，通过 POST 传输的数据，需要将数据放入 body（请求体）内。由于未规定放入数据的格式，在服务器端解析 body 内的数据时，需要提前知道接收哪种格式的数据。服务器端是依据前端在请求头内添加的 content-type 属性值来获取数据的格式。客户端通过 content-type 可以指定 body（请求体）的格式，通常有 4 种格式：

（1）form-data：在表单提交中常用的一种模式，通过它将表单的数据处理为一条消息，每条数据通过 Boundary 分隔符分离。它既可以上传键值对，也可以上传文件。

（2）x-www-form-urlencoded：post 提交的另一种常用模式，通过它可以将表单数据处理为键值对的形式，并且将 body 内的数据进行 URL 格式编码，再将数据发送至服务器端。

（3）raw：是比较少见的一种提交模式，通过它可以提交任意的数据格式，包括 json、html、text 等类型。

（4）binary：同样是比较少见的一种提交模式，通过它可以上传二进制文件，通常用于文件的上传。由于一次只能表示一个二进制文件，所以每次只能上传一个文件。

在 post 表单提交时，比较常用的传输格式为 form-data 和 x-form-urlencoded。在实际使用过程中，需要根据实际的使用情况选择不同的传输格式。当然，在 restful 风格 API 兴起之后，前端很多时候采用 application/json 的格式进行数据交互，通过这种方式可以更直观地表现出复杂的结构化数据。前端采用这种格式进行交互，需要同后端人员进行沟通，避免服务器端不支持 json 格式的情况发生，导致无法正常接收数据。

小　　结

本章主要介绍网络请求相关知识点，在前端应用中会频繁使用网络请求，因此在讲解完基础知识后，通过博客小程序中动态加载列表页和文章发布页来巩固网络请求的使用。拓展 HTTP 网络请求相关的知识点，包括请求状态码代表的含义，基于状态码的 Restful 风格 API 的介绍。通过本章节的学习可以让开发者对于网络请求有简单的了解。

习　　题

一、选择题

1. HTTP/1.1 协议中共定义了（　　）种 HTTP 请求方法。

   A. 4　　B. 6　　C. 8　　D. 10

2. 下列不是 HTTP1.1 定义的请求方法的是（　　）。

   A. GET　　B. PATCH　　C. OPTIONS　　D. CONNECT

3. 服务器返回的状态码中有（　　）种类型。

   A. 3　　B. 4　　C. 5　　D. 6

4. 下列对 flyio 请求库相关描述错误的是（　　）。
   A. flyio 库是一个轻量级的请求库，支持小程序、浏览器、node.js 等环境，基于 promise 操作
   B. 小程序基于 Ajax 发送请求
   C. flyio 通过 fly.interceptors.request.use 方法，将需要请求的数据拦截
   D. 收到服务器响应后触发拦截方法，可以对返回信息进行简单的过滤操作
5. 项目实践中使用 flyio 请求库时，对请求进行了（　　）次封装。
   A. 二　　B. 三　　C. 四　　D. 五

二、判断题

1. Ajax 是 Asynchronous JavaScript and XML 的缩写，意思就是用 JavaScript 执行异步网络请求，是一种无须重新加载整个网页便能够更新部分网页的技术。（　　）
2. 微信小程序中，在开发阶段只能使用 https 作为网络请求。（　　）
3. 小程序内部有 window 全局对象。（　　）
4. Fetch 不支持超时控制。（　　）
5. Raw：可以提交任意的数据格式，包括 json、html、text 等类型。（　　）

三、填空题

1. 超文本传输协议（HyperText Transfer Protocol，HTTP）是一种无状态的协议，它位于 OSI 七层模型的________。
2. ________ Ajax 请求的基础，目前主流浏览器（IE7+、Firefox、Chrome、Safari 以及 Opera）均内建该对象。
3. HTTP/1.0 支持：________、________、________三种 HTTP 请求方法。
4. URI 包含 URL、URN。URI 是________；URL 是________；URN 是________。
5. Fetch 是________的一个方法，采用 Promise 的异步封装。

四、简答题

1. 简述 HTTP/2 版本新加入的特性。
2. 简述 Restful 风格 API 具有的特点。

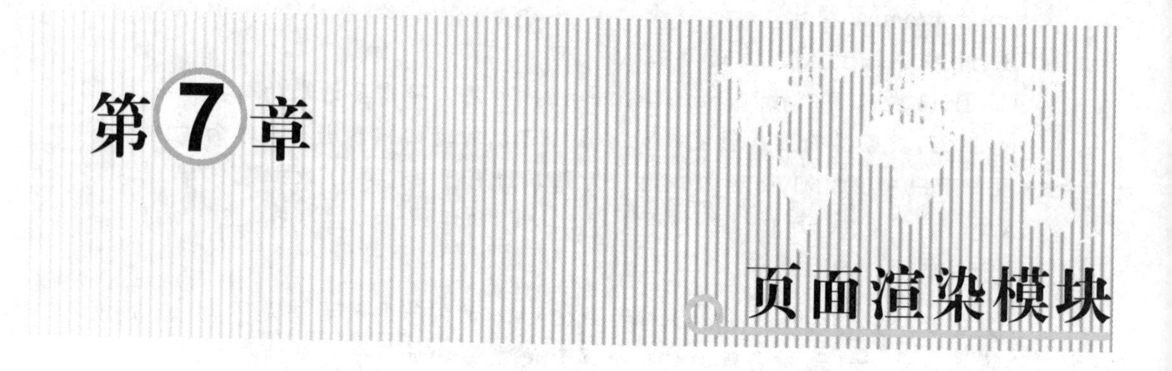

第7章 页面渲染模块

7.1 模块概述

页面渲染模块思维导图如图 7.1 所示。

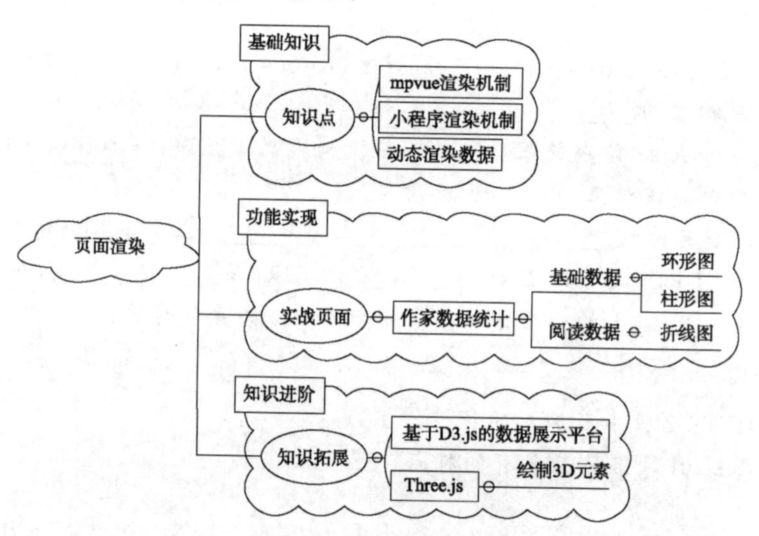

图 7.1　页面渲染模块思维导图

本章主要讲解页面渲染相关知识点。通过本章学习，可以了解小程序渲染机制、mpvue 框架渲染机制和动态数据渲染。通过案例中的数据统计页面，来展示页面数据渲染在真实案例中的应用。在知识拓展部分，进一步讲解数据渲染相关的知识点，包括基于第三方框架（D3.js）的数据渲染和基于第三方框架的（Three.js）3D 动画渲染。

7.2 模块知识点

7.2.1 mpvue 渲染机制

mpvue 继承自 Vue.js，保留了 vue.runtime 的核心方法，无缝继承了 Vue.js 的基础能力，其技术规范和语法特点与Vue.js一致。

mpvue-template-compiler提供了将Vue的模板语法转换为小程序wxml语法的能力。

mpvue修改了Vue的建构配置，构建出符合小程序项目结构的文件，包含json、wxml、wxss、js文件。

7.2.2 小程序渲染机制

在讲解小程序渲染机制之前，简单介绍一下在浏览器中是如何渲染HTML代码的。浏览器渲染过程如下：

（1）处理HTML标记并构建DOM树。

（2）处理CSS标记并构建CSSOM树。

（3）将DOM与CSSOM合并成一个渲染树。

（4）根据渲染树来布局，以计算每个节点的几何信息。

（5）将各个节点绘制到屏幕上。

在解析过程中，如果遇到JavaScript脚本，会在遇到的地方暂停DOM（CSSOM）的构建，转而将控制权转交给JavaScript执行引擎，当执行完毕后，继续从暂停地方开始构建DOM树。因此，非必要情况下，不要将JavaScript代码放到<head>标签内，而是放到body底部。如果给<script>标签添加defer或者async属性，会延迟脚本的执行，转而继续构建。

对于DOM树、CSSOM树、渲染树，还有两个需要注意的地方：重绘和回流。

（1）重绘：当渲染树中的部分元素需要更新属性，并且这些属性只会影响外观等，不会改变布局时，会触发浏览器重绘。

（2）回流：当渲染树的部分元素需要更新属性，并且这些属性会改变布局时，会触发浏览器的回流，回流会触发页面的重新构建。

通过回流和重绘的概念可以知道，回流必然触发重绘，重绘不一定触发回流。

小程序的渲染过程类似于Vue等框架渲染过程。由于小程序的宿主环境在webview当中，在渲染时，部分采用Web渲染，部分采用原生渲染，可以称为hybrid渲染。只要有Web渲染，就会触发浏览器渲染流程。

小程序和Vue等前端框架，采用数据驱动和虚拟的Virtual DOM技术，减少DOM结构的操作，以最小的代价完成渲染树的修改。

主流的前端框架运行的内核都是单线程，脚本的执行会阻断渲染树的构建。但是小程序采用了双线程模型，将渲染与逻辑分离，分为两个线程。渲染线程只负责页面的渲染，逻辑线程负责执行相应的脚本。

小程序的两个线程之间的通信借助Native（原生）层通过微信客户端作为桥梁进行通信。通信原理如图7.2所示。

渲染层会将wxml转化为对应的JS对象。当逻辑层的数据发生变化时，Native环境提供的setData()方法把数据从逻辑层传递到Native层，再由Native层将数据转发到渲染层。渲染层会通过Virtual DOM的diff算法，将需要修改的渲染树属性进行调整，从而转化为真实的渲染树，改变页面元素。鉴于以上小程序渲染流程机制，不建议频繁调用setData()做页面的更新。

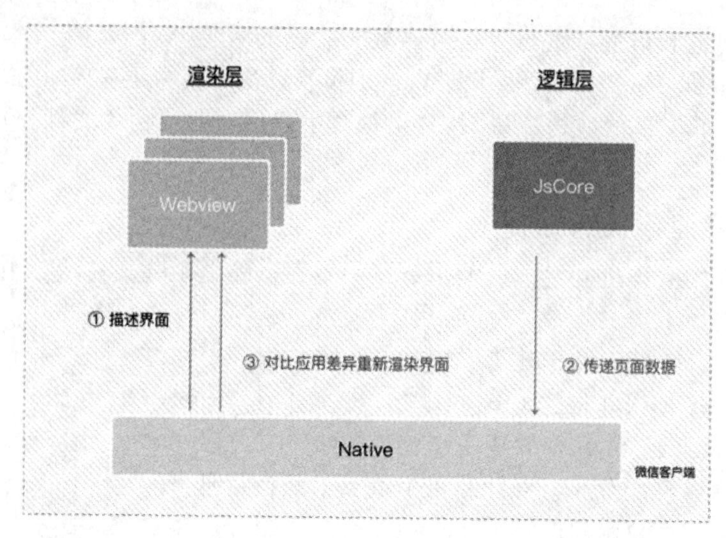

图 7.2　通信原理

注意：对 Virtual DOM 等感兴趣的开发者，可以查阅相关资料。

7.2.3　动态渲染数据

下面通过一个简单的瀑布流案例，讲解页面渲染在实际中的应用。在本案例中瀑布流渲染数据有两种实现方式：纯 CSS 代码实现；结合 JS 代码实现。

纯 CSS 代码实现，借助 Flex 布局的特性，使用自适应布局。在布局内，宽度固定，高度根据宽度自动调节，属于等宽不等高布局。代码如下：

```
<body>
  <div class="items">
    <div class="item">1</div>
    <div class="item">2</div>
    <div class="item">3</div>
    <div class="item">4</div>
    <div class="item">5</div>
    <div class="item">6</div>
    <div class="item">7</div>
    <div class="item">8</div>
    <div class="item">9</div>
    <div class="item">10</div>
    <div class="item">11</div>
    <div class="item">12</div>
    <div class="item">13</div>
    <div class="item">14</div>
    <div class="item">15</div>
    <div class="item">16</div>
    <div class="item">17</div>
    <div class="item">18</div>
    <div class="item">19</div>
    <div class="item">20</div>
  </div>
</body>
```

通过 CSS3 控制上述元素在页面内的排版，样式代码如下：

```
<style>
  body,
  html{
    padding: 0;
    margin: 0;
  }
  .items{
    display: flex;
    width: 80%;
    height: 100vh;
    margin: 10px auto;
    flex-flow: column wrap;
  }
  .item{
    padding: 10px;
    margin: 10px;
    margin-bottom: 10px;
    break-inside: avoid;
    background: #f60;
  }
  .item:nth-child(3n-1){
    padding: 30px 20px;
  }
</style>
```

设置页面父容器为 Flex 布局，调整 flex-flow 属性让主轴处于垂直方向，起点处于上沿部分。调整 wrap 属性，根据提供的具体高度，可以实现自动换行功能，让元素排列成等宽不等高。每个元素设置 break-inside 属性，让元素换行时变成一个整体，中途不折断。效果如图 7.3 所示。

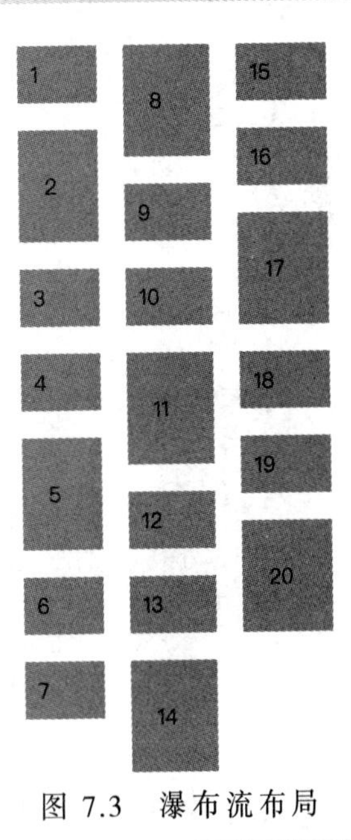

图 7.3　瀑布流布局

该方法实现的瀑布流布局，可以看出为竖直排列，不满足有顺序要求的需求。需要横向顺序排列时，可以通过 JS 计算每个元素的位置，达到瀑布流布局的效果。该效果骨架代码如下：

```
<body>
  <div class="items">
    <div class="item">
      <img src="images/1.jpeg" alt="" />
    </div>
    <div class="item">
      <img src="images/2.jpeg" alt="" />
    </div>
    <div class="item">
      <img src="images/3.jpg" alt="" />
    </div>
    <div class="item">
```

```
      <img src="images/4.jpeg" alt="" />
    </div>
    <!-- more item -->
  </div>
</body>
```

骨架代码 css 效果如下：

```
<style>
  body,
  html{
    padding: 0;
    margin: 0;
  }
  .items{
    width: 100%;
    position: relative;
  }
  .item{
    z-index: 10;
    transition: 0.25s;
    overflow: hidden;
    position: absolute;
  }
  .item img{
    width: 100%;
    height: 100%;
    transition: 0.25s;
  }
</style>
```

具体代码实现如下：

```
<script  src="https://apps.bdimg.com/libs/jquery/2.1.4/jquery.min.js">
</script>
<script>
  //clientWidth 处理兼容性
  function getClient(){
    return{
      width: window.innerWidth ||
        document.documentElement.clientWidth ||
        document.body.clientWidth,
      height: window.innerHeight ||
        document.documentElement.clientHeight ||
        document.body.clientHeight
    }
  }
  function init(){
    const imageWidth=getClient().width-20
    const arr=[]
    const columns=3
    const itemWidth=parseInt(imageWidth/columns)
    const itemPadding=10
```

```
    $('.items .item').each(function (i,item){
      $(this).css({
        width: itemWidth
      })
      const height=$(this)
        .find('img')
        .height()
      const width=$(this)
        .find('img')
        .width()
      const bi=itemWidth/width
      const boxheight=parseInt(height*bi)
      if (i<columns){
        $(this).css({
          top: 0,
          left: itemWidth*i+itemPadding*i
        })
        arr.push(boxheight)
      } else {
        let minHeight=arr[0]
        let index=0
        for (let j=0; j<arr.length; j++){
          if (minHeight>arr[j]){
            minHeight=arr[j]
            index=j
          }
        }
        $(this).css({
          top: arr[index]+itemPadding,
          left: $('.items .item')
            .eq(index)
            .css('left')
        })
        arr[index]=arr[index]+boxheight+itemPadding
      }
    })
  }
  window.onresize=function(){
    init()
  }
  window.onload=function(){
    init()
  }
</script>
```

下面对上述代码涉及的逻辑进行简单的梳理。因为JS代码内对DOM元素操作较多，因此通过CDN的方式引入JQuery库，简化代码开发。考虑兼容性问题，通过getClient()方法返回浏览器宽度和高度。init()方法内，首先定义图片总体宽度、展示列数、每列图片宽度，以及图片之间的间隔；然后采用JQuery选中所有的items类名，为每个类设置宽度，内部$(this)表示选中当前DOM实例，设置完成后，获取该图片宽度和高度，并且算出比值；最后通过遍历每个元素的高度，通过累加的方式记录每张图片绝对定位位置。在 onload 后触发 init()方法，并且在页面进行缩放时，重新计算图片的位置信息。实现效果如图 7.4 所示。

图 7.4 瀑布流样式图

7.3 应用实践——数据统计页

“作家数据”统计页只在小程序作家角色显示，该页面可以查看基础统计信息，包括公开文章和私有文章占比、近 6 月公开文章发布图、近 7 日文章阅读量和近 7 日书签打赏数，页面样式稿如图 7.5 所示。

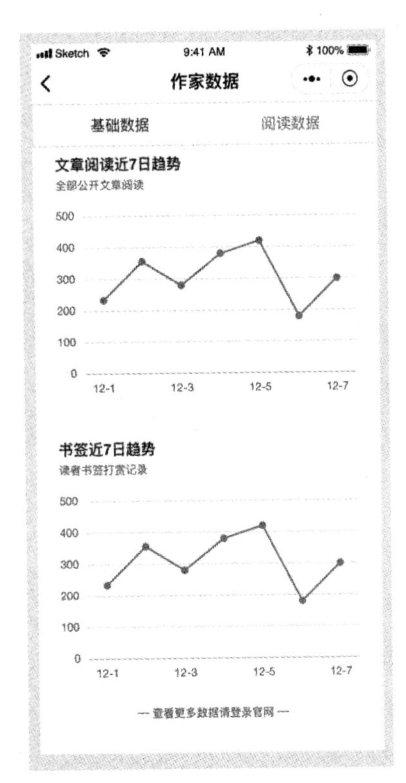

图 7.5　“作家数据”统计页

案例内使用 mpvue-echarts 库开发上述统计图。统计图标题封装为独立模块，页面切换使用<custom-tabs>自定义组件，对不同类型的统计图进行单独封装。骨架代码如下：

```
<template>
  <div class="cart-container">
    <div class="cart-container__header">
      <custom-tabs :tabs="tabsItem" :activeLine="false" @checkedItem=
"checkedItem"/>
    </div>
    <div v-if="type===0">
      <!-- 基础数据 -->
      <div class="cart-container__content">
        <title-view title="文章类型" info="作家文章类型数据占比"/>
        <pie-chart
          :seriesData="pieSeriesData"
          chartId="type" />
      </div>
      <div class="cart-container__content">
        <title-view title="近 6 月公开文章发布" info="月度文章发布数据统计"/>
        <bar-chart
          :xAxisData="barxAxisData"
          :seriesData="barSeriesData"
          chartId="num" />
      </div>
      <div class="cart-more__tips">
        — 查看更多数据请登录官网 —
```

```
        </div>
      </div>
      <div v-if="type===1">
        <!-- 阅读数据 -->
        <div class="cart-container__content">
          <title-view title="文章阅读近 7 日趋势" info="全部公开文章阅读"/>
          <line-chart
          :xAxisData="readLinexAxisData"
          :seriesData="readLineSeriesData"
          chartId="read" />
        </div>
        <div class="cart-container__content">
          <title-view title="书签近 7 日趋势" info="读者书签打赏记录"/>
          <line-chart
            :xAxisData="markLinexAxisData"
            :seriesData="markLineSeriesData"
          chartId="mark" />
        </div>
        <div class="cart-more__tips">
          - 查看更多数据请登录官网 -
        </div>
      </div>
    </div>
  </template>
```

上述代码，将统计图分为三类：饼图<pie-chart>、柱状图<bar-chart>和折线图<line-chart>。三类统计图骨架代码相同，以饼图为例，绘制统计图骨架代码如下：

```
  <template>
    <div class="chart-container">
      <mpvue-echarts lazyLoad :echarts="echarts" :onInit="handleInit":
ref="chartId" :canvasId="chartId" />
    </div>
  </template>
```

骨架样式代码如下：

```
  <style lang="scss" scoped>
  .chart-container{
    width: 100%;
    height: 400rpx;
  }
  </style>
```

完成骨架代码后，开始功能模块开发，查看 echarts 的官方 API 可知，上述 3 种统计图初始化方式相同，不同点是在初始化时，传递的 option 值不同。因此，以饼图为例，完成数据展示，代码如下：

```
  <script>
  import * as echarts from 'echarts'
  import mpvueEcharts from 'mpvue-echarts'
  export default{
    props:{
      chartId:{
```

```
      type: String,
      required: true
    },
    xAxisData:{
      type: Array,
      required: true
    },
    seriesData:{
      type: Array,
      required: true
    }
  },
  data(){
    return{
      echarts,
      option: null
    }
  },
  mounted(){
    this.initChart()
  },
  components:{
    mpvueEcharts
  },
  methods:{
    initChart(){
      this.option={
        tooltip:{
          trigger: 'axis',
          axisPointer:{
            type: 'line'
          }
        },
        xAxis: {
          type: 'category',
          data: this.xAxisData,
          nameLocation: 'center',
          axisTick:{
            show: false
          },
          axisLabel:{
            interval: 0
          },
          lineStyle:{
            color: 'c4c6cf'
          }
        },
        yAxis:{
          type: 'value',
          axisTick:{
            show: false
```

```
          },
          axisLine:{
            show: false
          }
        },
        textStyle:{
          color: '#666666'
        },
        grid: {
          top: '28rpx',
          left: '0',
          right: '0',
          bottom: '3%',
          containLabel: true
        },
        series: [{
          name: '发布文章',
          data: this.seriesData,
          type: 'bar',
          barWidth: '40%'
        }],
        color: '#1ea473'
      }
      this.$refs[this.chartId].init()
    },
    handleInit(canvas, width, height){
      const chart=echarts.init(canvas, null,{
        width: width,
        height: height
      })
      canvas.setChart(chart)
      chart.setOption(this.option)
      return chart
    }
  }
}
</script>
```

上述代码，调整 option 属性值，构建统计图，数据通过 props 从父级页面传递进来，完成统计图效果。柱状图 option 属性，代码如下：

```
initChart(){
  this.option ={
    tooltip:{
      trigger: 'item',
      formatter: '{c} ({d}%)'
    },
    legend:{
      orient: 'horizontal',
      align: 'left',
      y: 'bottom',
      x: 'center',
```

```
      itemWidth: 4,
      itemHeight: 4,
      data: ['公开文章', '私人日记']
    },
    series: [
      {
        name: '文章类型',
        type: 'pie',
        radius: ['50%', '70%'],
        avoidLabelOverlap: false,
        label:{
          position: 'outside',
          normal:{
            show: false,
            position: 'center'
          },
          emphasis:{
            show: true,
            textStyle:{
              fontSize: '14'
            }
          }
        },
        hoverOffset: 5,
        labelLine:{
          normal:{
            show: false
          }
        },
        data: this.seriesData
      }
    ],
    color: ['#1ea473', '#999999']
  }
  this.$refs[this.chartId].init()
}
```

折线图 option 属性值如下：

```
initChart(){
  this.option ={
    xAxis:{
      type: 'category',
      data: this.xAxisData,
      nameLocation: 'center',
      axisTick:{
        show: false
      },
      axisLabel:{
        interval: 0
      },
      lineStyle:{
```

```
        color: 'c4c6cf'
      }
    },
    yAxis:{
      type: 'value',
      axisTick:{
        show: false
      },
      axisLine:{
        show: false
      }
    },
    textStyle:{
      color: '#666666'
    },
    grid:{
      top: '28rpx',
      left: '0',
      right: '0',
      bottom: '3%',
      containLabel: true
    },
    series: [{
      data: this.seriesData,
      type: 'line',
      symbol: 'circle'
    }],
    color: '#1ea473'
  }
  this.$refs[this.chartId].init()
}
```

上述代码，通过调整 option 属性即可完成不同类型统计图的制作，经过简单的二次封装，可以实现一行代码绘制相同风格、不同数据的统计图。

7.4 知识拓展

7.4.1 基于 D3.js 的数据展示平台

D3（Data-Driven Documents），又称数据驱动的文档，其实就是一个主要用于数据可视化展示的 JavaScript 函数库。D3 与 Echarts 功能类似，主要用于生成各种数据的报表。但二者渲染原理不尽相同，D3 使用 SVG 作为画布，Echarts 使用 Canvas 作为画布。此处介绍基于 D3 的数据可视化函数库的使用。案例将使用 D3 的基础 API，构建简单的柱状统计图。实现效果如图 7.6 所示。

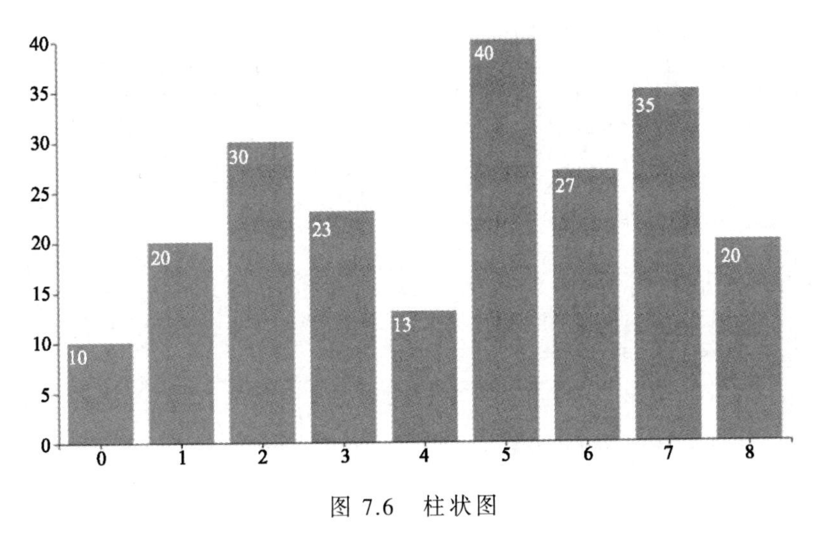

图 7.6　柱状图

在使用 D3 开发前，建议先熟悉 D3 的 API，参考地址：https://d3js.org.cn/，下面开始正式开发，骨架代码如下：

```
<!DOCTYPE html>
<html>
  <head>
    <title>d3_rect</title>
    <meta charset="UTF-8">
    <meta name="viewport" content="width=device-width, initial-scale=
1.0">
    <meta http-equiv="X-UA-Compatible" content="ie=edge">
    <script type="text/javascript" src="http://d3js.org/d3.v5.min.js">
</script>
    <style>
      body,html{
        padding: 0;
        margin: 0;
        text-align: center;
      }
    </style>
  </head>
  <body>
    <svg width="1024" height="600"></svg>
  </body>
</html>
```

通过在线引入 D3 函数库，设置基础样式，完成样式布局。下面开始绘制图表，代码如下：

```
<script>
  var marge={
    top: 60,
    bottom: 60,
    left: 60,
    right: 60
  }
```

```
var svg=d3.select("svg");                    //得到 SVG 画布
var width=svg.attr("width");                 //得到画布的宽
var height=svg.attr("height");               //得到画布的长
var g = svg.append("g")
  .attr("transform", "translate(" + marge.top + "," + marge.left + ")");
var dataset=[10, 20, 30, 23, 13, 40, 27, 35, 20];
var xScale=d3.scaleBand()
  .domain(d3.range(dataset.length))
  .rangeRound([0, width-marge.left-marge.right]);
var xAxis=d3.axisBottom(xScale);
var yScale=d3.scaleLinear()
  .domain([0, d3.max(dataset)])
  .range([height-marge.top-marge.bottom, 0]);
var yAxis=d3.axisLeft(yScale);
g.append("g")
  .attr("transform", "translate("+0+","+(height-marge.top-marge.bottom)
+")")
  .call(xAxis);
g.append("g")
  .attr("transform", "translate(0,0)")
  .call(yAxis);
//绘制矩形和文字
var gs=g.selectAll(".rect")
  .data(dataset)
  .enter()
  .append("g");
//绘制矩形
var rectPadding=20;                                //矩形之间的间隙
gs.append("rect")
  .attr("x", function (d, i){
    return xScale(i)+rectPadding/2;
  })
  .attr("y", function(d){
    var min=yScale.domain()[0];
    return yScale(min);
  })
  .attr("width", function(){
    return xScale.step()-rectPadding;
  })
  .attr("height", function(d){
    return 0;
  })
  .attr("fill", "#66c871")
  .transition()
  .duration(2000)
  .attr("y", function (d){
    return yScale(d);
  })
  .attr("height", function(d){
    return height-marge.top-marge.bottom-yScale(d);
  })
//绘制文字
```

```
    gs.append("text")
      .attr("x", function(d, i){
        return xScale(i)+rectPadding/2;
      })
      .attr("y", function(d){
        var min=yScale.domain()[0];
        return yScale(min);
      })
      .attr("dx", function(){
        (xScale.step()-rectPadding)/2;
      })
      .attr("dy", 20)
      .text(function (d){
        return d;
      })
      .transition()
      .duration(2000)
      .delay(function(d, i){
        return i*400;
      })
      .attr("y", function (d){
        return yScale(d);
      })
      .attr("fill", "#fff");
  </script>
```

上述代码，首先初始化 SVG 画布，设置其基本属性，根据初始数据，计算出 x 轴、y 轴，并放入 SVG 画布内再绘制矩形与文字；然后在绘制时，通过 D3 选择器，获取到所有 rect 标签，通过 rect 标签，绘制其每个矩形；最后完成柱状图。

7.4.2　初识 Three.js

Three.js 是用 JavaScript 编写的 webGL 第三方函数库，是一款运行在浏览器的 3D 引擎。通过 Three.js 可以在不使用插件的情况下在网页中创建和展示三维计算机图形。关于 Three.js 基础知识暂时不做介绍，我们将跟着案例拆解顺序讲解具体的知识点，对于未涉及的知识点，如果有兴趣可以查询相关资料。制作完成后的动画效果如图 7.7 所示。

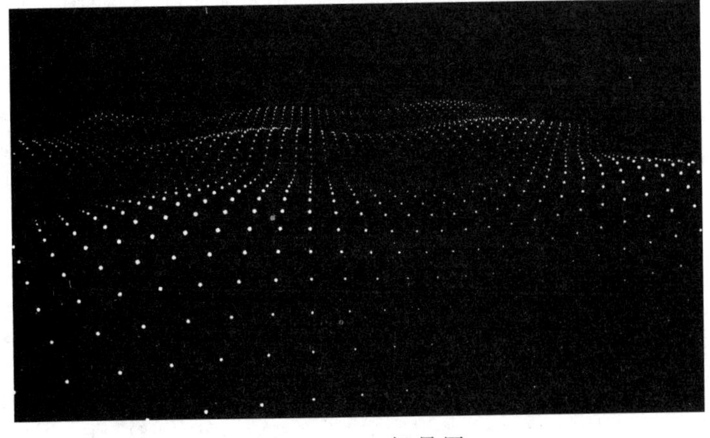

图 7.7　3D 场景图

在使用 Three.js 之前，需要熟悉 3D 场景的基本概念，包括摄像机、光影、材质等基本对象的使用。本例使用到的知识点有摄像机、场景、生成粒子材质和渲染器等内容。开始开发前，首先对整个动画进行简单的分解。

（1）动画场景：摄像机、粒子、内容承载空间。

（2）动画效果：波浪形、粒子大小变化。

搭建 HTML 基本骨架，引入 Three.js 函数库，代码如下：

```
<!DOCTYPE html>
<html>
  <head>
    <meta http-equiv="Content-Type" content="text/html; charset=utf-8" />
    <title>3D 粒子波浪动画 DEMO 演示</title>
    <meta name="viewport" content="width=device-width, user-scalable=no, minimum-scale=1.0, maximum-scale=1.0">
    <style>
    body{
      background-color: #000000;
      margin: 0px;
      overflow: hidden;
    }
    </style>
  </head>
  <body>
    <script type="text/javascript" src="js/three.min.js"></script>
  </body>
</html>
```

完成骨架代码后，开始创建承载内容的元素，并且通过 appendChild()方法放入 body 内，代码如下：

```
var container = document.createElement( 'div' );
document.body.appendChild( container );
```

有了承载容器后，通过 PerspectiveCamera 对象实例化出摄像机，该对象共有 4 个参数，具体参数如下：

```
THREE.PerspectiveCamera ( fov,aspect,near,far)
```

- fov：视景体竖直方向上的张角（是角度制而非弧度制），如图 7.8 所示。

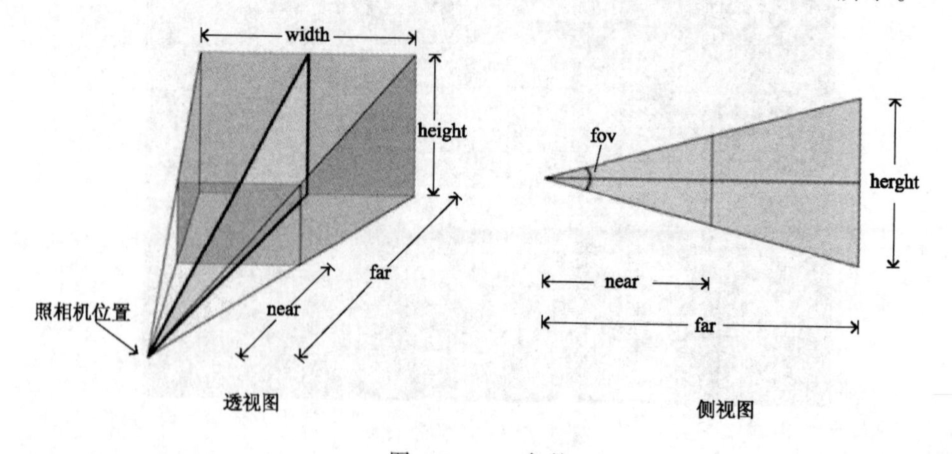

图 7.8　fov 参数

- aspect：照相机水平方向和竖直方向长度的比值，通常设为 Canvas 的横纵比例。
- near：照相机到视景体最近的距离，为正值。
- far：照相机到视景体最远的距离，为正值。

根据提供的 API 初始化出 camera 对象，代码如下：

```
var camera=new THREE.PerspectiveCamera(75, window.innerWidth/window.innerHeight, 1, 10000 );
```

设置照相机位置,默认位置为 0,0,0,此处设置 z 轴为 1000,多余 1000 的元素不可见。如果 z 轴设置过深，容易造成渲染卡顿。

```
camera.position.z=1000;
```

照相机设置到位后，初始化场景，用于承载需要展示的元素。

```
var scene = new THREE.Scene();
```

完成初始化后，已经架设好照相机，创建好场景图，下面需要在场景图内加上粒子元素。通过 THREE.ParticleCanvasMaterial()实例化出粒子材质。

注意：ParticleCanvasMaterial 材质是专门为 CanvasRenderer 创建的，而且只能用于这种渲染器。

该材质具体参数如下：

- color：粒子的颜色。
- program：以画布上下文为参数的函数。该函数在粒子渲染时调用。调用该函数将在画布上下文中产生一个属性，该输出将会以粒子的形态显示出来。
- opacity：默认 1，不透明。
- transparent：粒子是否透明，与 opacity 一起使用。
- blending：渲染时粒子的融合模式。

案例使用的方法，属于标准的 Canvas 语法，通过 beginPath()方法开始绘制圆形，方法如下：

```
arc(x, y, r, sAngle, eAngle, counterclockwise)
```

该绘制方法具体参数如下：

- x,y：圆心坐标。
- r：半径大小。
- sAngle：绘制开始的角度。 圆心到最右边点是 0 度，顺时针方向弧度增大。
- eAngle：结束的角度，注意是弧度。
- counterclockwise：是否是逆时针。true 是逆时针，false 是顺时针，默认为 false。

弧度和角度的转换公式： rad = deg*Math.PI/180。

案例内设置圆心坐标点为（0，0），半径为 1，开始绘制角度为 0，绘制结束弧度，并且逆时针开始绘制。

注意：结束弧度 PI2 表示 360°

```
var PI2=Math.PI*2;
var material=new THREE.ParticleCanvasMaterial({
  color: 0xffffff,
```

```
    program: function( context ){
      context.beginPath();
      context.arc( 0, 0, 1, 0, PI2, true );
      context.fill();
    }
  });
```

生成一个粒子材质后，通过该粒子材质使用 THREE.Particle()函数实例化生成粒子。

```
new THREE.Particle( material );
```

根据图 7.8 可知，需要通过两个循环生成二维平面的粒子。

首先，新建保存生成粒子的数组：

```
var particles=new Array();
```

然后，通过循环生成粒子：

```
var i=0;
var SEPARATION=100, AMOUNTX=50, AMOUNTY=50;
var particles, particle, count=0;
for ( var ix=0; ix<AMOUNTX; ix++ ){
  for ( var iy=0; iy<AMOUNTY; iy++ ){
    particle=particles[ i++ ]=new THREE.Particle( material );
    particle.position.x=ix*SEPARATION-( ( AMOUNTX*SEPARATION )/2 );
    particle.position.z=iy*SEPARATION-( ( AMOUNTY*SEPARATION )/2 );
    scene.add( particle );
  }
}
```

通过 AMOUNTX、AMOUNTY 控制生成的粒子数。particle 用于将粒子放入场景（scene）内。每次通过公式 ix * SEPARATION -（(AMOUNTX * SEPARATION) / 2）的计算值，调整每个粒子在场景内的位置。当粒子放入场景后，通过浏览器只能看到初始化时的黑色背景。

通过 THREE.CanvasRenderer()方法实例化出渲染器对象，并且将整个渲染器加入到容器内，代码如下：

```
var renderer=new THREE.CanvasRenderer();
// 设置渲染器宽、高
renderer.setSize( window.innerWidth, window.innerHeight );
// 添加到容器内
container.appendChild( renderer.domElement );
```

因为渲染器还未将场景和照相机加入进去，因此页面暂无样式。调用 renderer.render()方法，具体代码如下：

```
renderer.setSize( window.innerWidth, window.innerHeight )
```

完成后，黑色的背景已经发生变化，效果如图 7.9 所示。

此时通过观察可以发现，照相机的位置垂直于屏幕，因此只能查看到 x 轴，想要变成图 7.8 所示的样式，需要调整照相机 y 轴的值，因此，在初始化照相机时，加上调整 y 轴的代码：

```
// 初始化
var camera=new THREE.PerspectiveCamera( 75, window.innerWidth / window.
innerHeight, 1, 10000 );
```

```
camera.position.y=300;
camera.position.z=1000;
```

刷新浏览器，效果如图 7.10 所示。

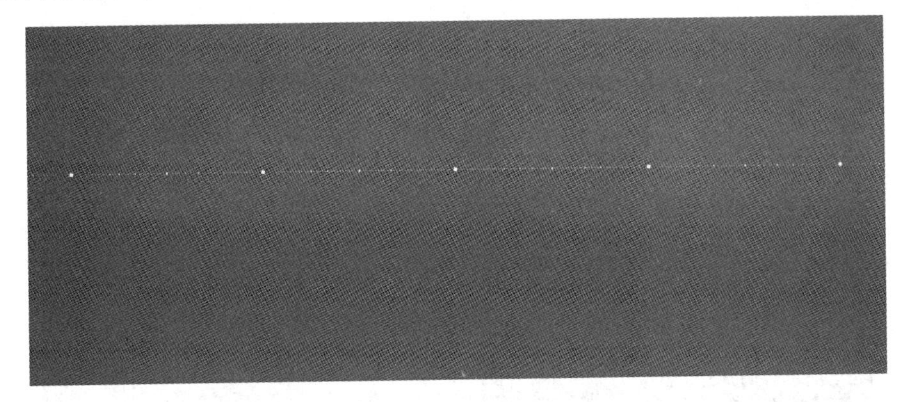

图 7.9　预览图

图 7.10　粒子图（一）

当前效果图与案例效果图相比，缺少粒子之间逐步放大、缩小的过程动画和整体粒子间波浪形动画效果。通过控制粒子元素的 scale 属性实现粒子的放大缩小动画效果，通过正弦函数控制每个粒子的 y 轴位置，实现粒子间波浪形动画。

调整粒子静态位置，新增加 render()方法，代码如下：

```
    function render(){
        var i=0;
        for ( var ix=0; ix<AMOUNTX; ix++ ){
            for ( var iy=0; iy<AMOUNTY; iy++){
                particle=particles[i++];
                particle.position.y=( Math.sin( ( ix+count )*0.3 )*50 )+
( Math.sin( ( iy+count )*0.5 )*50 );
                particle.scale.x = particle.scale.y = (Math.sin( ( ix + count )
*0.3 )+1 )*2+( Math.sin( ( iy+count )*0.5)+1 )*2;
            }
```

```
    }
    renderer.render( scene, camera );
    count+=0.1;
}
```

上述代码，通过两层 for 循环取出 particles 数组中保存的粒子，重新调整每个粒子的位置。上下波动时，通过 Math.sin()函数实现粒子在 y 轴上的位置变化，通过调整粒子的 scales 属性，调整粒子的缩放比。调用 render()函数，查看效果图，如图 7.11 所示。

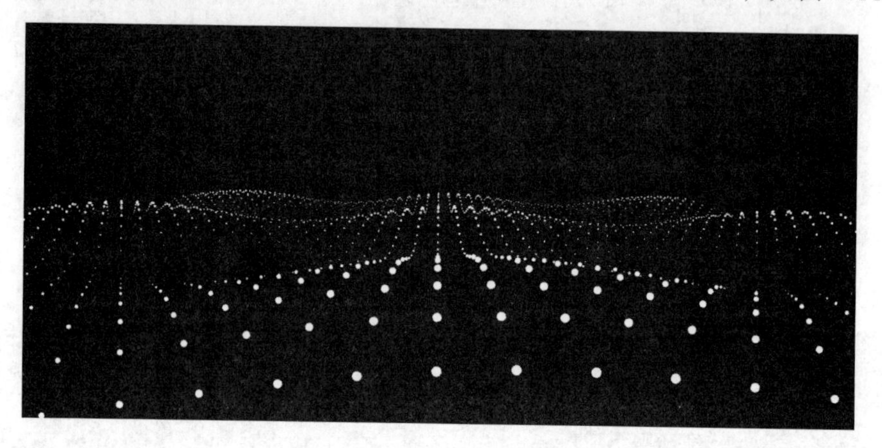

图 7.11　粒子图（二）

粒子的静态位置调整完成后，还需要在固定的时间内调用 rander()函数完成动画。在动画内常见的定时器有两种：setInterval()和 requestAnimationFrame()方法。

setInterval 基于事件触发事件，使用 setInterval()方法时，会定期将待执行代码放入 JS 执行队列，当队列中其他事件执行时间过长时，无法保证在相同的间隔时间内执行相应的触发事件。requestAnimationFrame()是基于帧数触发，可以保证在每次浏览器发生重绘时，执行待触发事件。通过帧数循环保证整个动画的流畅和稳定。

根据触发规则这里采用 requestAnimationFrame()方法。通过 animate()函数执行整个页面的重绘，具体代码如下：

```
// renderer.render( scene, camera );
// render()
animate()
function animate(){
  requestAnimationFrame( animate );
  render();
}
```

上述代码，通过不断调用自身，执行 render()方法，刷新浏览器。整个页面变成动态效果。完成效果与案例演示效果完全一致。至此，整个案例基本完成。

小　结

本章简单讲解了小程序及 mpvue 的渲染机制，在此基础上讲解页面渲染的基础知识点。在知识拓展部分讲解使用 D3.js 绘制图表展示、使用 Tree.js 三方库完成 3D 元素渲染。完成本章学习后，本书的基础知识讲解将到一段落。下一章开始将会进入项目实战开发，如果对于相关知识点尚有不熟悉的地方，可以反复翻阅巩固。

习　　题

一、选择题

1. Three.js 是（　　）编写的 webGL 第三方函数库。

   A. JavaScript　　B. Java　　C. Go　　D. C++

2. D3 使用（　　）作为画布。

   A. Canvas　　B. SVG　　C. webGL　　D. Javascript

3. 在浏览器中，HTML 代码的渲染过程的描述正确的是（　　）。

   ①根据渲染树来布局，以计算每个节点的几何信息
   ②处理 CSS 标记并构建 CSSOM 树
   ③处理 HTML 标记并构建 DOM 树
   ④将 DOM 与 CSSOM 合并成一个渲染树。
   ⑤将各个节点绘制到屏幕上。

   A. ③、④、②、⑤、①　　B. ①、③、②、④、⑤
   C. ③、②、④、⑤、①　　D. ③、②、④、①、⑤

4. 下列关于重绘和回流的叙述错误的是（　　）。

   A. 回流必然触发重绘
   B. 重绘必然触发回流
   C. 重绘：当渲染树中的部分元素需要更新属性，并且这些属性只会影响外观等，不会改变布局时，会触发浏览器重绘
   D. 回流：当渲染树的部分元素需要更新属性，并且这些属性会改变布局时，此时会触发浏览器的回流，回流会触发页面的重新构建

5. 下列关于 mpvue 渲染机制叙述错误的是（　　）。

   A. mpvue 继承自 Vue.js，保留了 vue.runtime 的核心方法，无缝继承了 Vue.js 的基础能力，其技术规范和语法特点与 Vue.js 一致
   B. mpvue-template-compiler 提供了将 Vue 的模板语法转换为小程序 wxml 语法的能力
   C. 修改了 Vue 的建构配置，构建出符合小程序项目结构的文件，包含 json、wxml、wxss、js 文件
   D. 采用双线程模型，将渲染与逻辑分离，分为两个线程。渲染线程只负责页面的渲染，逻辑线程负责执行相应的脚本

二、判断题

1. mpvue-template-compiler 提供了将 Vue 的模板语法转换为小程序 wxml 语法的能力。（　　）

2. Ecaharts 使用 SVG 作为画布。（　　）

3. 回流不一定触发重绘，重绘必然触发回流。 ( )

4. D3 是用于数据可视化展示的 JavaScript 函数库。 ( )

5. Three.js 在网页中创建和展示三维计算机图形不需要其他插件。 ( )

三、填空题

1. 小程序和 Vue 等前端框架，采用数据驱动和虚拟的________技术，减少 DOM 结构的操作。

2. 每个元素设置________属性，让元素换行时变成一个整体中途不折断。

3. 上述介绍的三种统计图初始化方式相同，不同点在初始化时，传递的________不同。

4. D3(Data-Driven Documents)，又被称为________的文档。

5. 在 Tree.js 章节本例使用到的知识点有________、场景、________和渲染器等内容。

四、简答题

1. 简述回流和重绘的定义及对应关系。

2. 简述初识 Three.js 中使用的 3D 场景基本概念。

第8章

音频、视频模块

8.1 模块概述

音频、视频模块思维导图如图 8.1 所示。

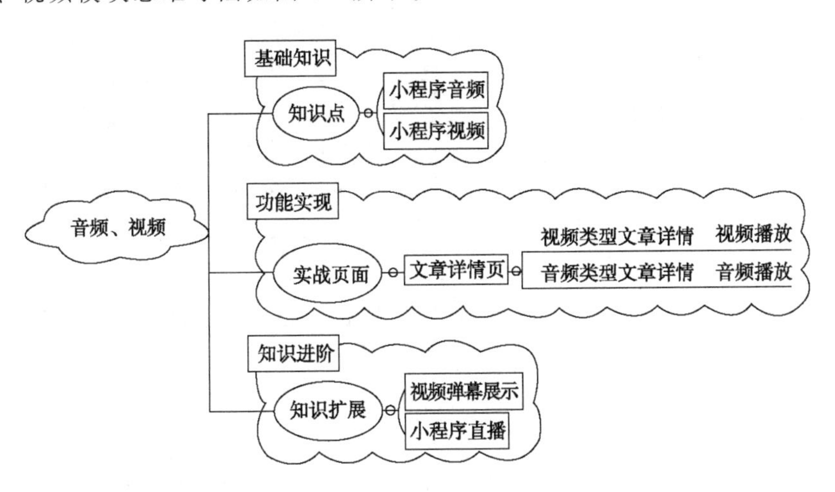

图 8.1 音频、视频模块思维导图

本章主要讲解音、视频页面相关知识点。通过本章学习，可以了解小程序音频、视频的处理方法。通过案例中音频、视频展示页讲解二者在真实案例中的应用。在知识拓展部分，通过基于第三方平台的音频、视频播放 API 接口，将其扩展到其他场景使用，包括网页端、手机端等。

8.2 模块知识点

8.2.1 小程序音频

小程序中在 1.6 版本库之前通过 Audio 组件实现音频功能，Audio 组件只能使用默认播放样式，离开小程序后不能全局播放。1.6 版本后采用 InnerAudioContext 对象实现音频功能。通过 wx.getBackgroundAudioManager()可以获取全局的背景音频管理对象，操作音频相关 API。通过以上两种音频播放控件，可以覆盖所有的播放场景。

1. Audio 组件

Audio 组件的主要属性和说明如表 8.1 所示。

表 8.1 Audio 组件的属性和说明

属性	类型	默认值	说明
id	string		唯一标识符符
src	string		音频资源地址
loop	boolean	false	是否循环
controls	boolean	false	是否显示默认控制条
poster	string		默认控件上的音频封面的图片资源地址。如果 controls 属性值为 false，则设置 poster 无效
name	string	未知音频	默认控件上的音频名字。如果 controls 属性值为 false，则设置 poster 无效
author	eventhandle	未知作者	默认控件上的作者名字。如果 controls 属性值为 false，则设置 poster 无效
binderror	eventhandle		当发生错误时触发 error 事件
bindplay	eventhandle		当开始/继续播放时触发 Play 事件
bindpause	eventhandle		当暂停播放时触发 Pause 事件
bindtimeupdate	eventhandle		当播放进度改变时触发 timeupdate 事件，detail={currentTimeduration}
bindended	eventhandle		当播放到末尾时触发 ended 事件

（1）createAudioContext 对象。通过 ID 选择器选中当前 Audio 组件，通过 createAudioContext()方法可以创建 Audio 上下文 AudioContext 对象，使用该对象操作音频相关 API。该对象与 Audio 组件一样，从基础库 1.6.0 后，不再继续维护，后续版本需要使用 createInnerAudioContext 对象代替。

（2）createInnerAudioContext()方法。通过此方法创建内部 audio 上下文 InnerAudioContext 对象。通过该对象可以控制音频的交互，相关说明如表 8.2 所示。

表 8.2 InnerAudioContext 对象说明

方法	说明
setSrc(string src)	设置音频地址
play()	播放音频
pause()	暂停音频
seek(number position)	跳转到指定位置

2. 背景音频

（1）BackgroundAudioManager 对象。通过 wx.getBackgroundAudioManager()可以获取全局的背景音频管理对象。通过此对象，在小程序切入后台时，也可以继续播放。但是需要注意，在后台播放时，无法通过 API 操纵音频的播放状态。

注意：在微信客户端 6.7.2 版本后，若小程序切入后台，还想继续播放音频，需要在 app.json 内配置 requiredBackgroundModes 属性。在开发和体验版本上，可以直接使用，正式版本需要小程序团队审核。

（2）BackgroundAudioManager 实例。该实例由 wx.getBackgroundAudioManager()对象获取，可用属性及说明如表 8.3 所示。

表 8.3　BackgroundAudioManager 实例属性说明

属　　性	类　　型	说　　明
src	string	音频的数据源（微信基础库 2.2.3 版本开始支持云文件 ID）。默认为空字符串，当设置了新的 src 时，会自动开始播放，目前支持的格式有 m4a、aac、mp3、wav
startTime	number	音频开始播放的位置（单位：s）
title	string	音频标题，用于原生音频播放器音频标题（必填）。原生音频播放器中的分享功能，分享出去的卡片标题，也将使用该值
epname	string	专辑名，原生音频播放器中的分享功能，分享出去的卡片简介，也将使用该值
singer	string	歌手名，原生音频播放器中的分享功能，分享出去的卡片简介，也将使用该值
coverImgUrl	string	封面图 URL，用于做原生音频播放器背景图。原生音频播放器中的分享功能，分享出去的卡片配图及背景也将使用该图
webUrl	string	页面链接，原生音频播放器中的分享功能，分享出去的卡片简介，也将使用该值
protocol	string	音频协议。默认值为 'http'，设置 'hls' 可以支持播放 HLS 协议的直播音频 基础库 1.9.94 开始支持，低版本需要做兼容处理
duration	number	当前音频的长度（单位：s），只有在有合法 src 时返回（只读）
currentTime	number	当前音频的播放位置（单位：s），只有在有合法 src 时返回（只读）
paused	boolean	当前是否暂停或停止（只读）
buffered	number	音频已缓冲的时间，仅保证当前播放时间点到此时间点内容已缓冲（只读）

BackgroundAudioManager 提供如下方法操作音频，如表 8.4 所示。

表 8.4　BackgroundAudioManager 方法说明

方　　法	说　　明	方　　法	说　　明
play()		onPause(function callback)	函数回调
pause()		onSeeking(function callback)	函数回调
seek(number currentTime)		onSeeked(function callback)	函数回调
stop()		onEnded(function callback)	函数回调
onCanplay(function callback)	函数回调	onStop(function callback)	函数回调
onWaiting(function callback)	函数回调	onTimeUpdate(function callback)	函数回调
onError(function callback)	函数回调	onNext(function callback)	函数回调
onPlay(function callback)	函数回调	onPrev(function callback)	函数回调

8.2.2 小程序视频

小程序可以通过 Video 组件和 createVideoContext 对象实现视频功能。VideoContext 实例通过 wx.createVideoContext()方法获取。通过 id 属性和 Video 组件绑定，操作方法如表 8.5 所示。

表 8.5 VideoContext 实例方法说明

方　法	类　型	说　明
VideoContext.play()		播放视频
Seek()	number	跳转到指定位置
sendDanmu()	Object	发送弹幕
playbackRate()	number	设置倍速播放
requestFullScreen()	Object	进入全屏
exitFullScreen()		退出全屏
showStatusBar()		显示状态栏，仅在 iOS 全屏下有效
hideStatusBar()		隐藏状态栏，仅在 iOS 全屏下有效

8.3 应用实践——音频、视频展示页

在本案例的“文章详情”页可以查看音频或视频信息。音频、视频展示页设计稿如图 8.2 所示。

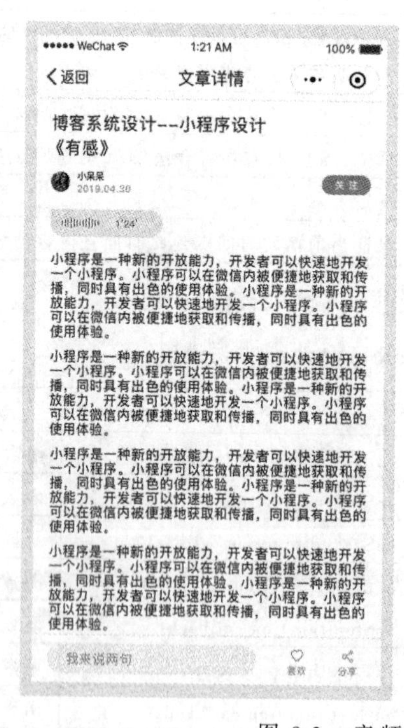

图 8.2 音频、视频展示页

由图 8.2 可以看出，音频的布局与图文布局基本类似，只是将图片的内容替换为音

频内容。“文件详情”页面包括如下模块：文章基本信息模块→音频播放模块→文字展示模块→评论模块。

在划分完每个模块后，需要考虑每个模块的放置位置，可以进行简单的类型封装。用户信息模块在其他地方也暂无使用，可以作为文章详情的内部组件封装。底部评论模块只在详情页使用，可以封装到详情页内部。但是，需要考虑苹果系列的兼容性问题，并且在弹出系统输入键盘时，底部评论模块应该跟随输入键盘弹起。在对页面分解完成后，开始静态页面的制作。

整个框架代码如下：

```
<template>
  <div class="article-container">
    <div class="article-content__container">
      <div class="article-content__wrapper">
        <div class="article-container__user">
        // 文章基本信息
        </div>
        // 音频、视频播放
        // 文字展示
      </div>
      <div class="user-info">
        // 附件、位置信息
      </div>
      <div class="article-user__wrapper">
        // 展示浏览信息
      </div>
      <div class="article-comment__wrapper">
        // 内容评论
      </div>
      <div class="footer-wrapper">
      // 底部分享
      </div>
    </div>
  </div>
</template>
```

接下来分模块详细讲解整个文章详情页的构成。

（1）文章基本信息模块：

```
<div class="article-content__wrapper">
  <div class="article-container__title">
    {{articleDetail.title}}
  </div>
  <div class="article-container__user">
    <div class="article-wrapper__userInfo">
      <div class="container-user__avatar">
        <img v-if="articleDetail.user" :src="articleDetail.user.avatarUrl"
/>
      </div>
      <div class="container-user__name">
        <div v-if="articleDetail.user" class="user-name__text">{{article
Detail.user.nickName}}</div>
        <div class="user-name__date">{{articleDetail.updateAt}}</div>
      </div>
```

```
      </div>
      <div v-if="articleDetail.focus" class="article-wrapper__onFocus"
@click="focusHandle(articleDetail)">已关注</div>
      <div v-else class="article-wrapper__focus" @click="focusHandle
(articleDetail, true)">关注</div>
    </div>
  // 音视频播放
  </div>
```

文章基本信息模块包括文章的标题、作者等文章基本信息，通过返回文章状态判断当前文章是否被关注。

（2）音频、视频播放模块：

该模块被放到基本信息模块的后面，通过两行代码，读取文章的类型，显示播放类别。视频播放可以直接通过 Vide 标签控制播放状态，只需要设置 Video 容器的大小即可。音频播放借助 CreateInnerAudioContext()方法播放，前端展示 UI 效果自行开发。代码如下：

```
  <video play-btn-position="center" v-if="articleDetail.resourceType
=== 1" :src="videoUrl + articleDetail.cover"></video>
```

（3）文字展示模块：

文字内容展示使用小程序提供的<ql-container>组件，代码如下：

```
  <ql-container><ql-editor><div class="article-content" v-html="artic
leDetail.content" /></ql-editor></ql-container>
```

由于发布文章使用的小程序自带富文本编辑器，因此在解析整个富文本生成的内容时，推荐使用小程序指定的富文本解析组件，格式如下：

```
  <ql-container>
  <ql-editor/>
  </ql-container>
```

（4）附件、位置信息展示模块：

该模块主要用于展示文章的附件信息，以及发布文章时的地理位置信息，通过点击附件，可以将附件下载到本地并且查看。该模块骨架代码如下：

```
  <div class="user-info">
    <div class="info-location">
      <image :src="locationIcon" />
      <span v-if="articleDetail.location">{{articleDetail.location.address}}
</span>
    </div>
    <div class="info-attach">
      <image :src="attachIcon" />
      <span v-if="articleDetail.attachs">{{articleDetail.attachs[0].size}}
MB</span>
    </div>
  </div>
```

（5）评论模块：

评论模块页面的开发基本与前面类似，基于 Flex 布局完成。骨架代码如下：

```
  <div class="article-comment__wrapper">
```

```
    <div class="article-comment__nav" v-if="articleComment.length > 0">
评论（{{articleComment.length}}条）</div>
    <div v-for="(commItem, index) in articleComment" :key="index" class=
"comment-wrapper__item">
      <div class="comment-user__avatar">
        <img :src="commItem.critics.avatarUrl" />
      </div>
      <div class="comment-user__content">
        <div class="comment-item__user">
          <div class="item-user__name">{{commItem.critics.nickName}}</div>
          <div class="item-user__reply" @click="replyHandle(commItem)">
回复</div>
        </div>
        <div class="comment-item__text">{{commItem.content}}</div>
        <div class="user-item__comments" v-if="commItem.comments.length
> 0">
          <div v-for="(replyItem, reIndex) in commItem.comments":key=
"reIndex" class="reply-comments__item">
            <div  class="reply-comments__name">{{replyItem.critics.nick
Name}}: </div>
            <div  class="reply-comments__comment">{{replyItem.content}}
</div>
          </div>
        </div>
      </div>
    </div>
  </div>
```

通过读取数组内的数据，将每一项的评论数据读取并展示到屏幕中。上述代码为“文章详情”页布局的部分代码，完整代码可参看博客源代码内的/src/pages/articleDetail/index.vue 文件。

8.4 知 识 拓 展

8.4.1 视频弹幕展示

小程序提供的 Video 组件中，支持视频内插入弹幕的功能。下面通过案例实现将一级评论内容通过弹幕的方式实时显示的效果。

由于小程序的 Video 组件对弹幕提供原生支持，因此只需要考虑弹幕的显示，包括展示过程、类型和方法。在发送评论时，记录当前视频的播放进度，在下次拿到本条文章的评论信息时，通过记录的时间，让视频播放到记录时间时，展示弹幕。

具体的逻辑如下：监听视频播放→处理弹幕初始化→将弹幕用于屏幕显示

弹幕展示的核心点在于对数据的处理。下面将通过案例具体实现这一需求。

播放时，可以通过 Video 标签提供的播放进度变化函数，监听当前视频长度和当前播放进度。

```
<video
  play-btn-position="center"
  v-if="articleDetail.resourceType===1"
  :src="videoUrl+articleDetail.cover"
  :danmu-list="danmuList"
```

```
  @timeupdate="videoChangeHandle"
  danmu-btn
  enable-danmu/>
videoChangeHandle (e){
  const { mp: { detail: { duration, currentTime } } }=e
  this.durationTime=parseInt(duration)
  this.currentTime=parseInt(currentTime)
}
```

监听 durationTime 值改变，触发弹幕转化函数。

```
watch: {
  durationTime: function (val, oldVal){
    console.log(val, oldVal, this)
    // 构造弹幕数组
    const danmuListArr=[]
    this.articleComment.forEach(element=>{
      const temp={}
      temp.text=element.content
      temp.time=element.time | Math.floor(Math.random()* (1-val)+val)
      danmuListArr.push(temp)
    })
    this.danmuList=danmuListArr
  }
}
```

构造完弹幕显示对象后，将弹幕放到 danmuList 数组内，完成弹幕的制作。通过以上处理，可以简单地将弹幕显示到正在播放的视频当中，假如有新的弹幕加入，只需更新 danmuList 数组即可。

8.4.2 基于小程序的直播

关于直播，小程序也有相应的组件提供服务，但是小程序对于直播的审核力度比较大，因此，直播相关业务仅支持公司资质，并且没有在所有类目开放直播功能，只有特定小程序类目才允许开通，本案例以工具-视频客服作为类目审核。通过与客服一对一视频聊天，为大家展示小程序直播的实现方法。关于小程序可使用直播的相关类目如图 8.3 所示。

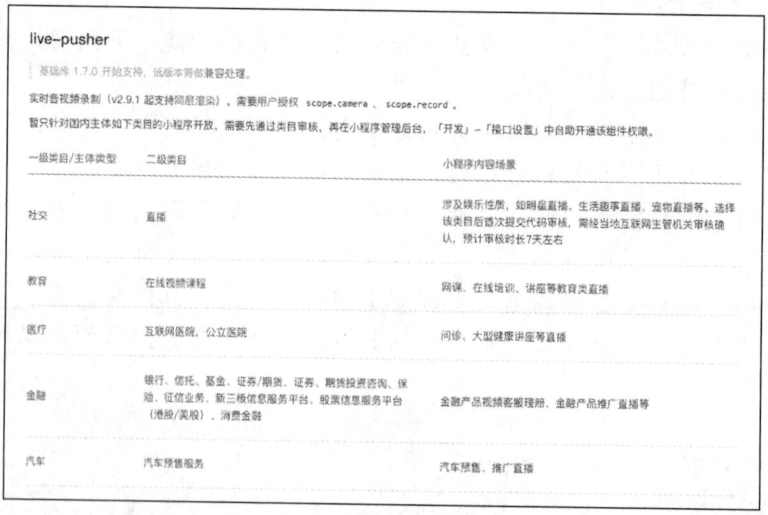

live-pusher

基础库 1.7.0 开始支持，低版本需做兼容处理。

实时音视频录制（v2.9.1 起支持同层渲染），需要用户授权 scope.camera 、 scope.record 。

暂只针对国内主体如下类目的小程序开放，需要先通过类目审核，再在小程序管理后台，「开发」-「接口设置」中自助开通该组件权限。

一级类目/主体类型	二级类目	小程序内容场景
社交	直播	涉及娱乐性质，如明星直播、生活趣事直播、宠物直播等。选择该类目后首次提交代码审核，需经当地互联网主管机关审核确认，预计审核时长7天左右
教育	在线视频课程	网课、在线培训、讲座等教育类直播
医疗	互联网医院，公立医院	问诊、大型健康讲座等直播
金融	银行、信托、基金、证券/期货、证券、期货投资咨询、保险、征信业务、新三板信息服务平台、股票信息服务平台（港股/美股）、消费金融	金融产品视频客服理赔、金融产品推广直播等
汽车	汽车预售服务	汽车预售、推广直播

图 8.3 直播的相关类目

小程序直播需要使用两种组件：在直播端，需要<live-pusher>组件作为实时音频、视频录制组件，它有许多属性，包括设置推流地址、是否自动推流等。后续根据业务场景，具体介绍属性方法。在视频播放端，需要使用<live-player>组件作为实时音频、视频播放组件，下面介绍小程序直播案例。

（1）登录小程序后台，进入小程序基本设置页面：在基本设置/服务类目选择支持小程序直播的服务类目，本案例选择工具→视频客服类目。

类目查看如图 8.4 所示。

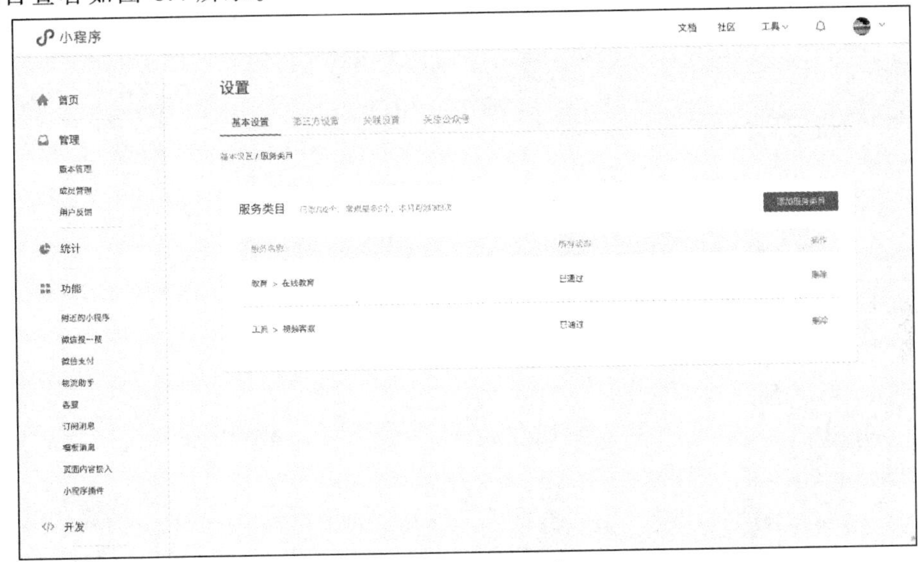

图 8.4　类目查看

（2）完成类目选择后，通过左侧导航栏开发类别，进入开发内的接口设置页面。此时实时播放音频、视频，实时录制音频、视频权限开启。开启路径如图 8.5 所示。

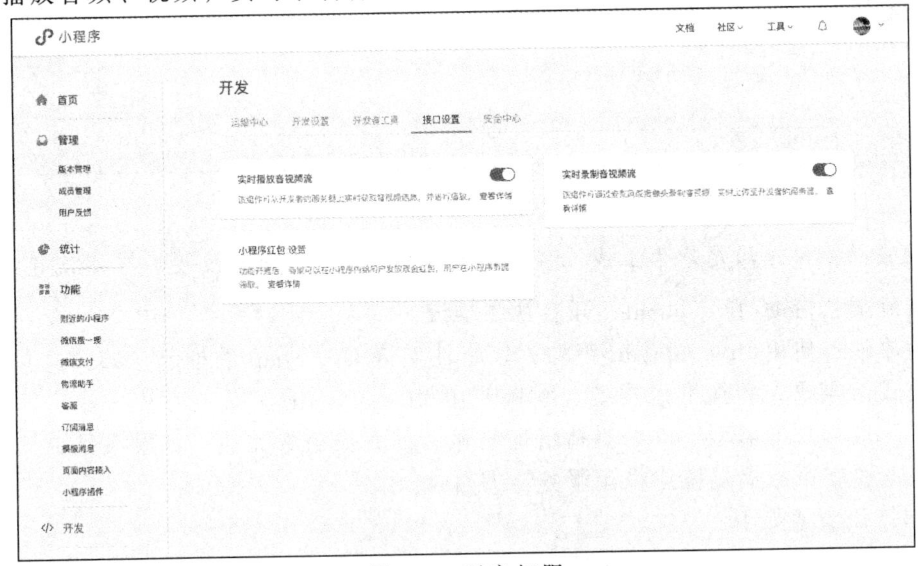

图 8.5　开启权限

（3）切换到开发设置选项，将视频推流的相关 API 加入白名单，防止被拦截。本案例直接借助于腾讯的直播 API，因此填入规定的推流地址。如果自建的推流服务器，填入相关推流地址即可，如图 8.6 所示。

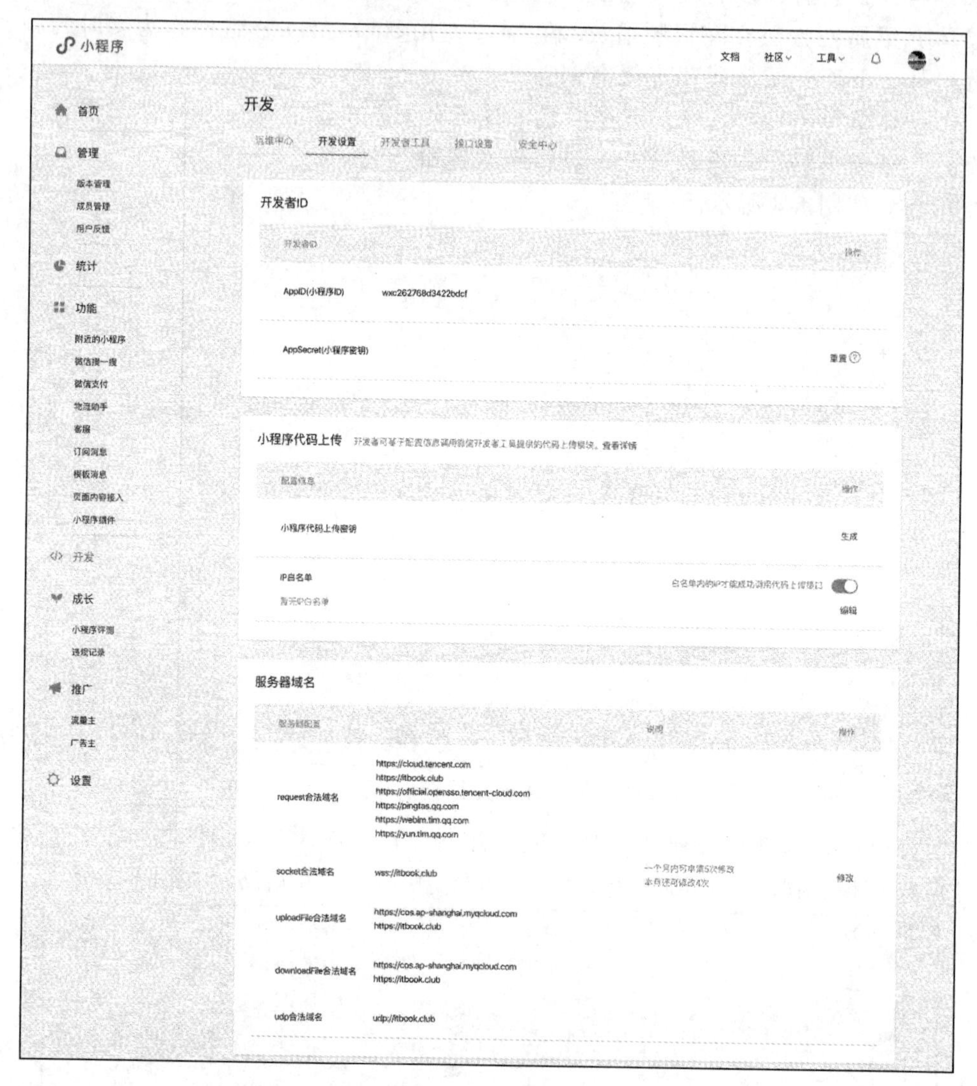

图 8.6 推流地址

注意：以上操作均是基于上线流程，若只是本地案例，简单配置即可测试直播功能。

- 推流端：借助<live-pusher>开启视频推流。
- 播放端：使用<live-player>组件，该组件支持 flv、rtmp 的推流。如果是其他推流模式，需要先转换推流类型。案例使用<live-pusher>完成视频流采集，因此无须修改推流数据类型。整个直播借助腾讯云的直播服务完成。如果不借助第三方，只需要在服务器端搭建推流服务器即可。

前端推流骨架如下：

```
<live-pusher
url="rtmp://6****4.livepush.myqcloud.com/live/cdsrtest? txSecret=74bcf2
***************8d6689&txTime=5D*****F"
```

```
    mode="SD"
    mirror
    autopush
    @statechange="statechange"
    @netstatus="netstatus"
    style="width: 100%; height: 225px;" />
```

此处为开发模式，暂时以这种方式测试直播推流。在使用 url 地址前，需要开通腾讯云直播服务，并且填入各个参数，即可收集相关推流信息到后端。在推流的同时，借助<live-player>组件，实时消耗服务器端产生的流信息，达到同步直播的目的。案例因为借助腾讯云实现，将推流交由云端处理，因此开发基本流程简单。具体测试可参看博客源代码内/src/pages/system/index.vue 文件。

小　　结

本章主要讲解小程序中音频和视频的相关使用，在讲解完音视频的基础知识后，通过案例的音视频展示页在项目内完整的使用相关属性，在最后的应用实践部分讲解视频弹幕的构建和小程序直播，其中小程序直播的相关配置，需要注意账号类型和所属类目。

习　　题

一、选择题

1. 小程序 InnerAudioContext 对象自微信基础版本库（　　）开始使用。
   A. 1.2　　B. 1.4　　C. 1.6　　D. 1.8
2. 小程序视频中（　　）方法可以设置进入全屏。
   A. requestFullScreen　　B. playbackRate
   C. seek　　D. exitFullScreen
3. 小程序的直播不属于开发直播功能的是（　　）。
   A. 社交　　B. 工具　　C. IT 科技　　D. 医疗

二、判断题

1. 小程序直播，<live-pusher>组件作为实时音视频播放组件，<live-player>组件作为实时音视频录制组件。（　　）
2. 小程序的 video 组件对弹幕提供原生支持。（　　）
3. Audio 组件只能使用默认播放样式，离开小程序后可以全局播放。（　　）

三、填空题

1. 小程序音频中_________对象实现音频功能。
2. 文字内容展示使用小程序提供的_________组件。
3. 小程序的音频组件是_________。小程序的视频组件是_________。

四、简答题

简述小程序推流流程。

第9章 文件模块

9.1 模块概述

文件模块思维导图如图 9.1 所示。

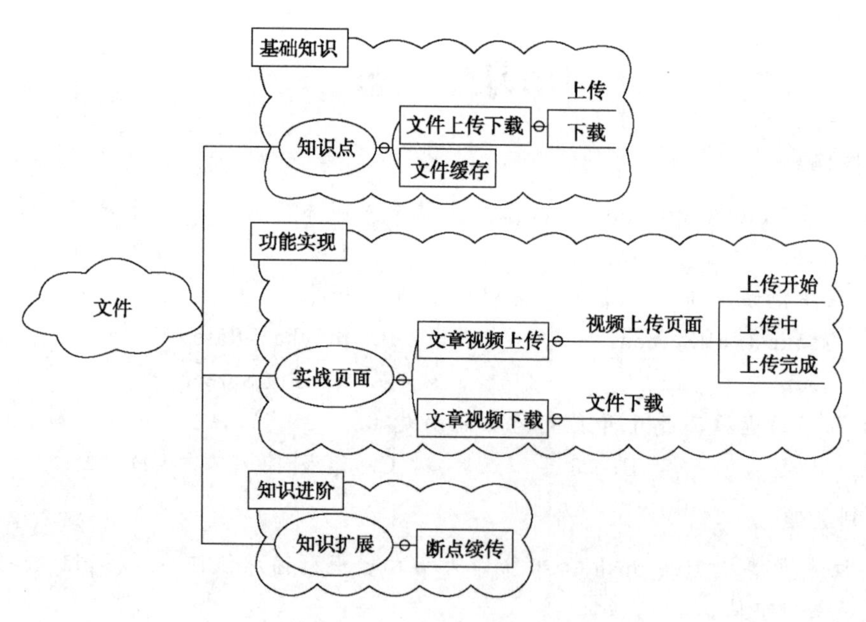

图 9.1 文件模块思维导图

本章主要讲解文件上传、下载相关知识点。通过本章学习，可以了解文件上传和下载的应用，包括怎样减少网络请求、更加快速地获取文件的方式。通过案例中的页面的预加载、小视频的上传页面，展示文件上传和下载在真实案例中的应用。在知识拓展部分，进一步讲解大文件上传的相关知识点。包括文件的断点续传、大文件的分片上传，为处理大文件提供技术支撑。

9.2　模块知识点

9.2.1　文件上传、下载

1. 文件上传

文件上传在实际应用场景中较为普遍。上传图片、上传视频等，都需要使用文件上传功能。下面介绍基于 HTML 5 的文件上传和微信小程序中文件上传 API 的应用。

HTML 5 常见的两种上传文件方式：

（1）通过 form 表单提交，设置<Input type="file" />生成文件选择框。

代码如下：

```
<input type="file" name="pic" id="pic" accept="image/gif" />
```

- type：声明 input 框类型。
- name：当前 input 名称。
- accept：限制文件选择框可以选择的类型，支持 image/video 等。

（2）基于 XMLHttpRequest（Ajax）提交。通过 Ajax 方式提交，使用 formData 对象模拟表单提交，可以实现无刷新上传文件。

声明 formData 对象，代码如下：

```
<input type="file" name="pic" id="pic" accept="image/gif" />
const files=document.getElementById('pic').files
const form=new FormData()
form.append('file', file);
```

声明 XMLHttpRequest 对象，代码如下：

```
const url='http://…'
var xhr=new XMLHttpRequest();
xhr.open("post", url, true);
```

监听上传进度事件，代码如下：

```
xhr.upload.addEventListener("progress", function(result){
  if (result.lengthComputable){
    //上传进度
    var percent=(result.loaded / result.total * 100).toFixed(2);
  }
}, false);
```

监听上传状态改变事件，代码如下：

```
xhr.addEventListener("readystatechange", function(){
  var result=xhr;
  if (result.status!=200){                    //error
    console.log('上传失败', result.status, result.statusText, result.
response);
  }
  else if(result.readyState==4){              //finished
    console.log('上传成功', result);
  }
});
```

开始上传，代码如下：

```
xhr.send(form);          //开始上传
```

以上是分阶段讲解的 Ajax 上传文件方法。通过此方法可以定制化上传需求，覆盖多种上传业务场景。

2. 文件下载

HTML 5 的文件下载，最简单的使用：a 标签，指定 herf 属性指向需要下载文件的地址，点击下载链接，就可以直接下载需要的文件。但是，在实际应用中会发现，对于图片和 PDF 等浏览器能解析的文件，会直接被浏览器打开。通过 a 标签设置 herf 属性实例如下：

```
<a href="chapter-9.jpg" >下载</a>
```

除 a 标签以外，下面简单介绍几种方法，可以完成资源文件的下载：

（1）download 属性：通过在 a 标签添加 download 属性，可以实现图片、PDF 等资源文件的下载而非打开。也可以通过设置 download 的 value 值来指定下载文件名。

注意：download 属性存在兼容性问题，在实际应用中需要谨慎。

（2）Blob 对象：借助 Blob 对象，将文件转换成二进制文件，将其作为 a 标签的 herf 属性配合 download 属性下载。

简单示例如下：

```
var funDownload=function(content, filename){
  // 创建隐藏的可下载链接
  var eleLink=document.createElement('a');
  eleLink.download=filename;
  eleLink.style.display='none';
  // 字符内容转变成 blob 地址
  var blob=new Blob([content]);
  eleLink.href=URL.createObjectURL(blob);
  // 触发点击
  document.body.appendChild(eleLink);
  eleLink.click();
  // 然后移除
  document.body.removeChild(eleLink);
};
```

（3）借助 Base64 实现文件下载：对于能转成 Base64 的文件，可以转化为 Base64 格式，然后动态创建 a 标签并触发 click()事件，达到下载文件的目的。

以上 3 种方式都可以实现文件的下载，可以根据业务需求动态选择一种或多种下载方式。

小程序提供了文件上传和文件下载的相关 API 方法，可以更加灵活地完成文件的上传和下载需求。下面将介绍小程序中文件上传和文件下载的 API 使用，文件操作属性及说明如表 9.1 所示。

表 9.1 文件操作属性及说明

属性	类型	必填	说明
url	string	是	下载资源的 url
header	Object	否	HTTP 请求的 Header，Header 中不能设置 Referer
filePath	string	否	指定文件下载后存储的路径
success	function	否	接口调用成功的回调函数
fail	function	否	接口调用失败的回调函数
complete	function	否	接口调用结束的回调函数（调用成功、失败都会执行）

文件下载完成后，对象返回值属性及说明，如表 9.2 所示。

表 9.2 返回值属性及说明

属性	类型	说明
tempFilePath	string	临时文件路径。没传入 filePath 指定文件存储路径时会返回，下载后的文件会存储到一个临时文件
filePath	string	用户文件路径。传入 filePath 时会返回，跟传入的 filePath 一致
statusCode	number	开发者服务器返回的 HTTP 状态码

UploadTask：一个可以监听上传进度变化事件，以及取消上传任务的对象，具体使用方法如表 9.3 所示。

表 9.3 使用方法说明

属性	类型	说明
UploadTask abort()		中断上传任务
UploadTask.onProgressUpdate	(function callback)	监听上传进度变化事件
UploadTask.offProgressUpdate	(function callback)	取消监听上传进度变化事件
UploadTask.onHeadersReceived	(function callback)	监听 HTTP Response Header 事件。会比请求完成事件更早
UploadTask.offHeadersReceived	(function callback)	取消监听 HTTP Response Header 事件

UploadTask wx.uploadFile(Object object)：属性值及说明如表 9.4 所示。

表 9.4 属性值及说明

属性	类型	必填	说明
url	string	是	开发者服务器地址
filePath	string	是	要上传文件资源的路径
name	string	是	文件对应的 key，开发者在服务端可以通过这个 key 获取文件的二进制内容
header	Object	否	HTTP 请求 Header，Header 中不能设置 Referer
formData	Object	否	HTTP 请求中其他额外的 form data
success	function	否	接口调用成功的回调函数
fail	function	否	接口调用失败的回调函数
complete	function	否	接口调用结束的回调函数（调用成功、失败都会执行）

Object res：属性值及说明如表 9.5 所示。

表 9.5 属性值及说明

属　性	类　型	说　明
data	string	开发者服务器返回的数据
statusCode	number	开发者服务器返回的 HTTP 状态码

9.2.2 文件缓存

因为 HTML 5 应用运行于浏览器，由于浏览器限制，Web 端提到最多的文件缓存应该是缓存 HTML 文件、JS 文件等。对于浏览器缓存工程文件，此处暂不展开叙述，如果有兴趣，可自行查阅相关资料。本节主要讲解小程序端文件缓存。小程序端提供了文件下载 API，可以将下载的文件保存到应用的临时文件内，可以不用每次访问时都去服务器请求文件，减少请求数。

文件缓存应用场景在手机端或原生应用使用较多。例如，对于多图片页面，可以将图片缓存到应用内，每次优先查看是否有图片缓存，假如本地没有，再去向服务器获取图片数据。这样可以减少用户流量的使用，减少服务器的请求压力。

在讲解文件缓存原理前，先介绍小程序内的文件系统，具体分为三类：

（1）本地临时文件：临时产生的文件，随时可能被回收，不限制存储大小。

（2）本地缓存文件：通过接口把本地临时文件缓存，不能自定义目录和文件名，不会被随意删除，除非用户主动删除小程序，才会自动清理此文件。

（3）本地用户文件：通过接口将本地临时文件缓存后产生的文件保存，可以自定义目录和文件名，不可随意删除，除非用户主动删除小程序。每个小程序最多可存储 10 MB，和本地缓存文件共享文件大小。

当了解小程序的 3 种文件类型后，可以根据业务需求选择文件的缓存方式。如果临时缓存相关文件，可以使用本地临时文件缓存。例如，视频播放、音乐播放等，下次进入小程序内，重新加载新的视频、音乐文件。对于永久文件保存业务场景，可以保存到本地用户文件。由于使用空间只有 10 MB，因此可以使用 LRU 算法，对存储空间进行管理。

9.3 应用实践

9.3.1 视频上传页

视频上传主要应用于发布文章时，此处以视频上传作为案例，讲解小程序内音频、视频上传。在案例内，音频、视频上传流程基本相同，仅前端上传展示效果不同，上传页设计如图 9.2 所示。

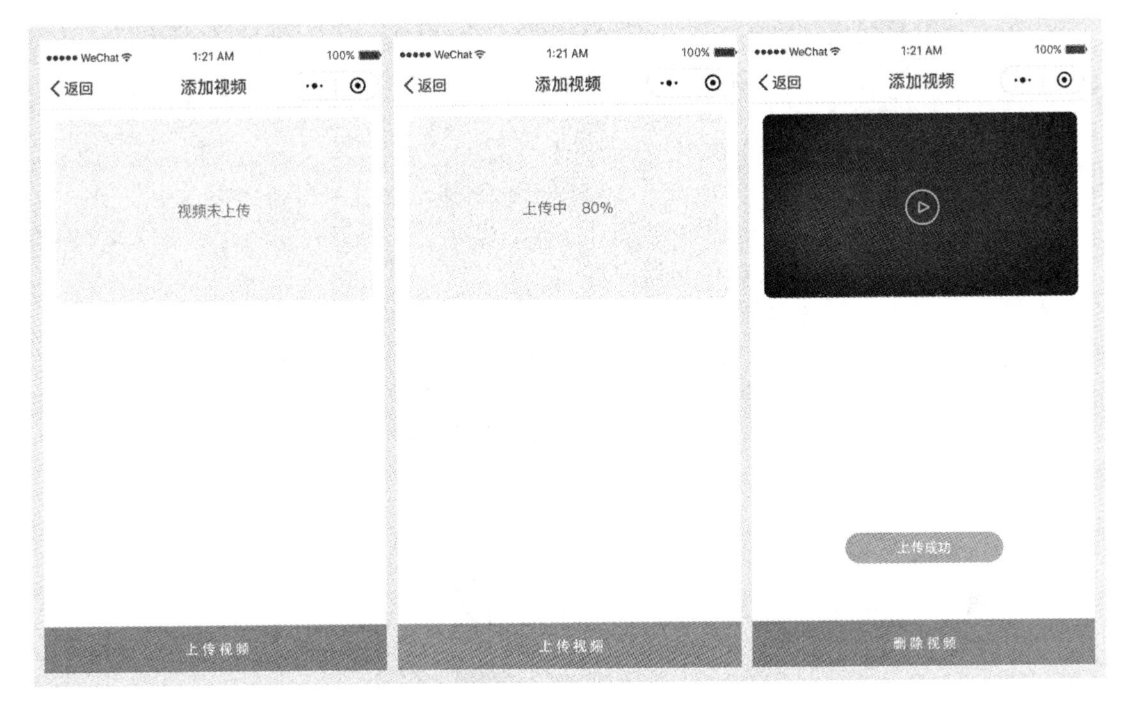

图 9.2 视频上传页

由图 9.2 可知，视频上传共有 3 种状态：上传前、上传中、上传后。搭建静态页面，代码如下：

```
<template>
  <div class="video-container">
    <div class="video-wrap">
      <div v-if="!videoPath" class="video-noConent">
        {{!onProgress ? '视频未上传':'上传进度:' + onProgress }}
      </div>
      <video v-else :src="videoUrl + videoPath" class="video-wrap__
controls"></video>
    </div>
    <div class="video-footer">
      <div class="video-opera">
        <div class="video-opera__submit" @click="saveHandle">
          {{videoPath ? '删除视频' : '上传视频' }}
        </div>
      </div>
    </div>
  </div>
</template>
```

骨架代码十分简单，使用常规的 Flex 布局完成页面搭建，此处不做具体样式讲解，可参看博客源代码/src/pages/newVideo/index.vue 文件。对设计稿的不同状态做出不同控制，包括视频未上传时的提示信息、视频上传中的进度显示、视频上传后的删除视频功能。案例中使用腾讯的对象存储保存视频，若使用其他第三方对象存储或自己搭建上传服务器，可以参考 9.2.1 节，整体流程相同，此处以腾讯的对象存储为例进行讲解。

实现文件上传功能，需要引入 3 个相关库：

```
import { Encrypt } from '@/utils/secret.js'
import event from '@/utils/event'
const COS=require('cos-wx-sdk-v5')
```

（1）secret 库：用于封装的加密库，将用户视频信息进行加密，作为视频名称。

（2）event 库：用于非父子组件之间传参数的媒介，其内部为实例化后的 Vue 对象。

（3）cos 库：引入腾讯的对象存储方法。

在进入页面时，需要将申请好的 SecretId 和 SecretKey 做初始化操作，具体代码如下：

```
mounted(){
  this.cos=new COS({
    SecretId: 'AKID3FCuNh************0HMPsIS',
    SecretKey: '5AzZuz***************BPO8'
  })
}
```

注意：将 id 和 key 直接写到前端十分危险（此处做了模糊处理，后续会提供相应的测试接口），此处仅能用于测试环境，正式环境不推荐直接初始化，由后端人员提供相应接口，通过对应的接口下发相应的密钥，这样更加安全。完成初始化后，将初始化后的实例存到临时变量 cos 内，以供上传时使用。

初始化完成后，开始实现功能。点击上传视频，调用 saveHandle()方法：

```
saveHandle(){
  if (this.videoPath){
    this.videoPath=''
    return false
  }
  this.uploader()
}
```

通过骨架代码可以看出，判断视频是否上传的条件是 videoPath 属性是否有值，当有值时，会显示删除视频，在点击后，会将 videoPath 的值清空。通过此处可以删除当前已经上传完成的视频。如果为空，代表当前暂未上传。调用 uploader()方法执行上传，代码如下：

```
uploader(){
  const _this=this
  wx.chooseVideo({
    sourceType: ['album', 'camera'],
    maxDuration: 60,
    camera: 'back',
    success(res){
      const{ tempFilePath }=res
      const fileName=Encrypt(res)
      _this.cos.postObject({
        Bucket: 'x x-xxxxxx',
        Region: 'xx-xxxxxx',
        Key: 'video/'+fileName,
        FilePath: tempFilePath,
```

```
            onProgress: function (info){
              const { percent }=info
              _this.onProgress=(percent*100).toFixed(2)+'%'
            }
          }, function (err, data){
            console.log(err||data)
            if (!err) {
              _this.videoPath=fileName
            }
          })
        }
      })
    }
```

上述代码，首先调用 wx.chooseVideo 选取手机中的视频，sourceType: ['album', 'camera'] 代表可以从相册中选择或者通过拍摄选取。当选取到视频后，返回的数据结构如图 9.3 所示。

```
▾{errMsg: "chooseVideo:ok", tempFilePath: "http://tmp/wxc262768d3422bdcf.o6zAJs2DeVQAMrikkuGp….4V754TfDxLX7b2bc7d3b34d048ba1baaf3a6a11e
  duration: 35.413333
  errMsg: "chooseVideo:ok"
  height: 368
  size: 1941711
  tempFilePath: "http://tmp/wxc262768d3422bdcf.o6zAJs2DeVQAMrikkuGp7fxEYU5I.4V754TfDxLX7b2bc7d3b34d048ba1baaf3a6a11ecf9f.mp4"
  thumbTempFilePath: "http://tmp/wxc262768d3422bdcf.o6zAJs2DeVQAMrikkuGp7fxEYU5I.mPG280jnEM1J4799572ca1ff04757e341d0c1a0ec0ea.jpg"
  width: 640
 ▸__proto__: Object
```

图 9.3 数据结构

视频信息返回后，开始调用上传方法，调用的 postObject({})属于对象存储的上传方法，如果对此方法感兴趣，需要移到腾讯提供的 API 文档。此方法内 FilePath 代表文件路径，Key 代表文件在服务器上存储路径。onProgress 代表视频上传过程中的进度。最后回调函数代表传输完成的相应方法，可以通过监听 err 属性值，判断是否上传成功，如果上传成功将返回文件名称。通过微信提供的访问地址，即可访问当前文件。文件上传成功后，后台管理页面如图 9.4 所示。

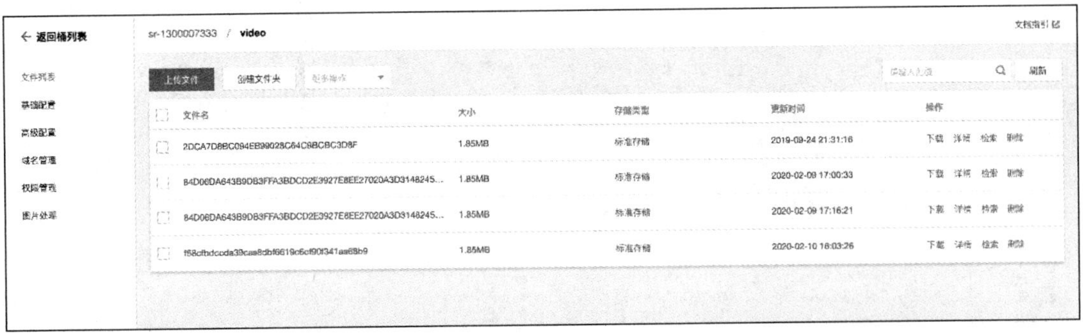

图 9.4 后台管理页面

根据上述流程操作后，即可实现文件上传功能。此处还有个小的地方需要注意，此时如果返回到文章编辑页面后，再次进来，会发现还是有视频存在，data 内的数据未清空。所以此处在页面退出时，调用 onUnload()方法清空相应数据,具体代码如下：

```
onUnload(){
  event.$emit('checkVideo', this.videoPath)
  this.videoPath=''
}
```

以上就是视频上传页的实现过程，完整代码请参看参考源代码。

9.3.2 文件下载页

文件下载主要用于相关附件的下载和预览，文件下载页的入口在文章详情页的附件模块，通过点击附件，可以进入文件下载页，预览或下载附件。

文件下载页与附件上传页样式基本一致，此处将二者封装为一个组件使用，该模块布局相关内容较为简单，此处不再赘述。代码如下：

```
mounted(){
  const{ type, attach }=this.$route.query
  this.attachType=type
  try{
    this.attachData=JSON.parse(attach)
  } catch (error){
    this.attachData=[]
  }
}
```

上述代码，在 mounted()方法中判断 type 是否有值，判断当前环境是附件上传还是文件下载页，决定部分页面元素是否隐藏。小程序中通过 wx.downloadFile()方法可以下载文件；通过 wx.previewImage()方法预览图片文件；通过 wx.openDocument()方法预览 PDF、Word 等类型文件。因此，在下载页需要对相关类型文件进行简单处理。图片、Word 和 PDF 等文件可以下载和预览，其余不可预览文件仅支持下载。wx.openDocument()方法不支持远程预览，因此需要先调用 wx.downloadFile()方法下载后，再打开。具体实现代码如下：

```
/**
  * 预览图片文件
  */
preAttachHandle(item){
  wx.previewImage({
    urls: [item.path]              // 需要预览的图片 http 链接列表
  })
}
```

处理相关文件下载后，代码如下：

```
/**
    * 文件下载，判断类型，如果文件类型支持预览，则提示预览信息
    */
    downAttachHandle(item){
      wx.downloadFile({
        url: item.path,
        success (res){
          // 只要服务器有响应数据，就会把响应内容写入文件并进入 success 回调，
                                              // 业务需要自行判断是否下载到了想要的内容
```

```
          if (res.statusCode===200){
            const { tempFilePath }=res
            if (this.fileType.indexOf(item.type)>0){
              wx.openDocument({
                filePath: tempFilePath,
                success: function (res){
                  console.log('打开文档成功')
                }
              })
            }
          }
        }
      })
    }
```

支持预览的文件格式如下所示：

```
type: ['doc', 'docx', 'xls', 'xlsx', 'ppt', 'pptx', 'pdf']
```

以上是文件下载页的主要代码实现，整个页面源码可以参看博客源代码为/src/pages/attachment/index.vue 文件。

9.4　知识拓展——断点续传

在实际应用场景中，时常会遇到大文件上传、下载的场景，如果采用一般的文件上传、下载方式，可能会出现传输中断造成上传和下载失败，从而需要重新上传。这样花费大量的时间，又无法保证上传效率。针对上述情况，如果能在网络线路中断后，在中断的地方开始继续传输，就能大大降低传输成本，减少传输时间。

下面具体讲解断点续传的基本思路和简单示例。自 http1.1 协议开始支持获取部分文件内容，即范围请求功能，为并行下载和断点续传提供技术支持。在 http 的 header 请求头内，客户端通过 Range 参数向服务器发起请求，服务端通过 content-Range 响应请求。

Range 参数：用于客户端请求头中，指定第一个字节的位置和最后一个字节的位置。

```
Range: (unit=first byte pos)-[last byte pos]
```

当请求的 Range 参数符合规定时，会触发范围请求。当客户端将所有的请求块通过该模式上传完成后，后端对整个文件进行组装。对于客户端而言，通过该方法实现分片上传，需要算出整个文件的 md5 值发送给服务器，判断当前文件是否已经上传完成。如果没有，则在第一个分片内，传给后端整个文件的大小和当前 chunk 大小。下面通过案例开始实施具体操作，上传页面如图 9.5 所示。

选择文件　20200229_09.mp4

文件名	文件类型	文件大小	上传进度	全部上传
20200229_09.mp4	video/mp4	6.07MB	未上传	开始上传

图 9.5　文件上传页面

案例实现骨架代码如下：

```
<li class="list-group-item">
  <span class="badge">0</span>
  大文件上传
</li>
<div class="table-responsive">
  <table class="table table-bordered">
    <thead>
      <tr>
        <th colspan="2">文件名</th>
        <th colspan="2">文件类型</th>
        <th colspan="2">文件大小</th>
        <th colspan="2">上传进度</th>
        <th colspan="2">操作</th>
      </tr>
    </thead>
    <tbody>
      <tr>
        <td id="fileName" colspan="2">-</td>
        <td id="fileType" colspan="2">-</td>
        <td id="fileSize" colspan="2">-</td>
        <td id="fileProess" colspan="2">-</td>
        <td id="fileOpera" colspan="4">
          <input class="upload-input" id="uploadInput" type="file" />
        </td>
      </tr>
    </tbody>
  </table>
</div>
```

通过简单的表格，添加文件并且上传，为了简化原理讲解，此处暂时不加入md5文件校验相关的判断，具体判断可以参看源代码。

文件上传的具体逻辑实现代码：

```
<script type="text/javascript">
  // 选择文件-显示文件信息
  const fileName=$('#fileName')
  const fileType=$('#fileType')
  const fileSize=$('#fileSize')
  const fileProess=$('#fileProess')
  const fleInput=$('#uploadInput')
  let file=null
  fleInput.change(function (e){
    var uploadItem=[],
      size,
      percent=undefined,
      progress='未上传';
    file = this.files[0]
    // 计算文件大小
    size=file.size>1024 ?
      file.size/1024>1024 ?
```

```
      file.size/(1024*1024)>1024 ?
      (file.size/(1024*1024 * 1024)).toFixed(2)+'GB' :
      (file.size/(1024*1024)).toFixed(2)+'MB':
      (file.size/1024).toFixed(2)+'KB':
      (file.size).toFixed(2)+'B';
    console.log(file, size)
    // 初始通过本地记录，判断该文件是否曾经上传过
    percent=window.localStorage.getItem(file.name+'_p');
    // 未记录
    if (percent && percent!=='100.0'){
      fileProess.value=progress='已上传 '+percent+'%';
    }
    uploadFile()
  });
  // 文件上传
  function uploadFile(){
    startUpload('first');
  }
  function startUpload(times){
    var $this=file,
      eachSize=1024,
      totalSize=$this.size,
      chunks=Math.ceil(totalSize/eachSize),
      percent,
      chunk;
    chunk=window.localStorage.getItem(fileName+'_chunk') || 0;
    chunk=parseInt(chunk, 10);
    var isLastChunk = (chunk==(chunks-1) ? 1:0);
    if (times==='first' && isLastChunk===1){
      window.localStorage.setItem(fileName+'_chunk',0);
      chunk=0;
      isLastChunk=0;
    }
    console.log(fleInput)
    // 设置分片的开始结尾
    var blobFrom=chunk*eachSize,                          // 分段开始
      blobTo=(chunk+1)*eachSize>totalSize ? totalSize : (chunk+1)*eachSize,
                                                          // 分段结尾
      percent=(100*blobTo/totalSize).toFixed(1), // 已上传的百分比
      timeout=5000,                               // 超时时间
      fd=new FormData();
    console.log($this)
    fd.append('theFile', $this.slice(blobFrom, blobTo)); // 分好段的文件
    fd.append('fileName', fileName);              // 文件名
    fd.append('totalSize', totalSize);            // 文件总大小
    fd.append('isLastChunk', isLastChunk);        // 是否为末段
    fd.append('isFirstUpload', times==='first' ? 1 : 0); // 是否是第
                                                      //一段（第一次上传）
    console.log('文件处理完成', $this.slice(blobFrom, blobTo))
  }
</script>
```

上述代码，获取到待上传文件时，触发文件的onchange事件，计算当前需要上传文

件的大小，并且在本地记录是否为首次上传。完成记录后，对文件进行切割。每次切割大小由eachSize参数确定，根据该参数计算出当前chunk结束的大小，通过slice切割出chunk，将切割好的文件通过formData()方法发送到服务器端，完成文件上传。

小　结

本章主要讲解文件模块的知识点，包括文件的上传和下载，以及在小程序中文件的缓存。完成对上传和下载的基础知识点的讲解后，在应用实践部分完成视频上传页和视频下载页的开发，最后介绍断点续传的相关知识点。

习　题

一、选择题

1. 本章文件下载共使用了（　　）种方式。

A. 2　　B. 3　　C. 4　　D. 5

2. 通过wx.openDocument()方法不能预览的图片类型有（　　）。

A. ppt　　B. doc　　C. png　　D. xlsx

3. 下列（　　）不是小程序内文件系统。

A. 本地临时文件　B. 本地缓存文件　C. 本地用户文件　D. 本地系统文件

二、判断题

1. 本地用户文件：临时产生的文件，随时可能被回收，不限制存储大小。（　　）

2. 调用wx.chooseVideo选取手机中的视频，sourceType: ['album', 'camera']代表可以从相册中选择或者通过拍摄选取。（　　）

3. Range参数：用于客户端请求头中，指定第一个字节的位置和最后一位字节的位置。（　　）

三、填空题

1. 小程序内部文件系统分为本地________文件、本地________文件、本地________文件。

2. 小程序中通过本地用户文件保存数据，使用空间为________。

3. 在断点续传中，客户端通过________参数向服务器发起请求，服务端通过________响应请求。

四、简答题

简述小程序内部文件系统三者的区别。

第10章 通信模块

10.1 模块概述

通信模块思维导图如图10.1所示。

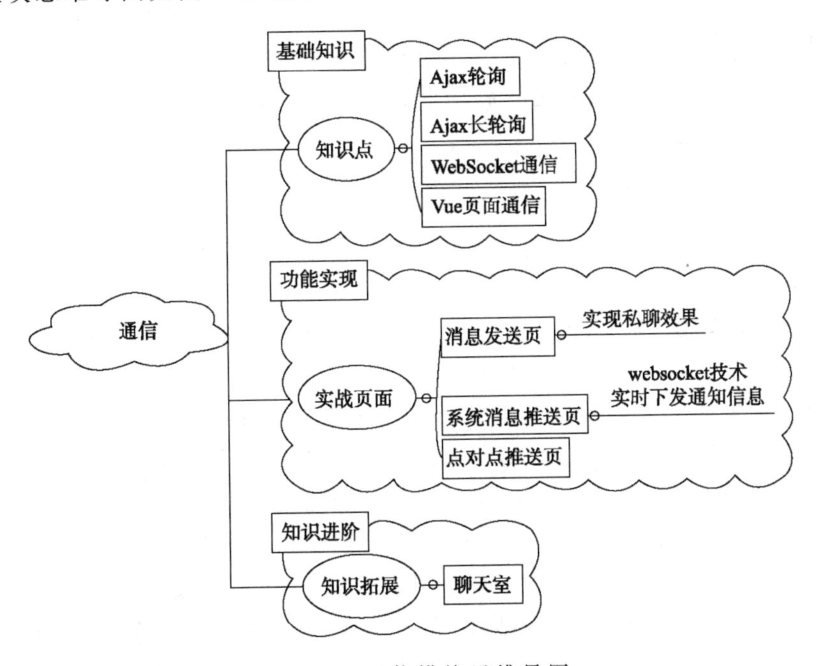

图10.1　通信模块思维导图

本章主要讲解通信相关知识点。通过本章学习，可以了解Ajax轮询通信、WebSocket通信和页面通信。通过案例中的系统消息推送页面和点对点推送页面，展示数据通信在真实案例中的应用。在知识拓展部分，通过基于WebSocket的聊天室功能进一步讲解通信相关的知识点。

10.2 模块知识点

10.2.1 Ajax轮询

通过Ajax可以让客户端和服务器端通信，但是这种数据交换仅限于当前请求，完成请求后即断开HTTP连接。若想要等间隔时间持续性地从服务器上获取数据，需要使用前端定时器不断通过Ajax发起HTTP请求，这一过程称为Ajax轮询。

使用Ajax轮询请求数据，每次都需要经历HTTP三次握手，在请求之前，需要开启HTTP连接通道，等待服务器返回。如果建立请求过多，会增加服务器压力。上述方法，当请求量小时，服务器压力较小，可以使用Ajax轮询。当服务器请求量过多时，通过Ajax轮询的方式持续获取服务端数据，非最佳方案。

10.2.2 Ajax长轮询

客户端通过Ajax发送HTTP请求后,服务器端会挂起当前请求直到有数据传递或超时才返回。客户端JavaScript响应处理函数会在处理完服务器返回的信息后，再次发出请求，客户端再次建立连接，周而复始，这一过程称为长轮询。

轮询是在某一特定时间周期内发起请求，服务器对请求快速做出响应，并且结束这一请求。长轮询是在发起请求后，通过服务器端将请求挂起，防止HTTP连接中断，在服务器有数据返回或HTTP连接超时后，返回客户端，并且客户端再次发起请求。通过长轮询，可以减少请求次数。

10.2.3 WebSocket通信

WebSocket是HTML 5新出的协议，是一种在单个TCP连接上进行全双工通信的协议。相对于HTTP的非持久化连接，WebSocket可以称为持久化连接。WebSocket通信时会在客户端和服务器端建立一个连接通道，在通道内，客户端可以向服务端发起请求，服务端也可以主动向客户端推送数据。

HTTP协议的通信只能由客户端发起，服务器端只能被动做出响应。虽然在HTTP1.1协议后在请求头内新加入keep-alive connection，允许将多个http Request请求合并发送至服务器端，将多个HTTP Response响应合并返回至客户端，减少了请求。但是，一个Request对应一个Respone，属于一一对应关系，从实质来讲都是伪长连接。

Websocket是将连接变成长连接形式，组成双通道连接方式，在同一个TCP连接上可以收消息也可以发送消息。对于不同的URI也可以复用同一个WebSocket连接。在介绍完WebSocket的优点和原理后。下面具体讲解WebSocket的机制。

传统HTTP客户端和服务器端请求响应模式如图10.2所示。

基于WebSocket通信的客户端与服务器请求响应模式如图10.3所示。

由图10.2和图10.3可以看出，相对于传统的HTTP请求WebSocket请求需要客户端与服务端建立连接的模式，WebSocket是类似Socket的TCP长连接通信模式。一旦WebSocket连接建立，后续数据都以帧序列的形式传输。在客户端断开WebSocket连接或服务器端中断连接前，不需要客户端和服务端重新发起连接请求。在海量并发及客户端与服务器交互负载流量大的情况下，极大地节省了网络带宽资源的消耗，有明显的性

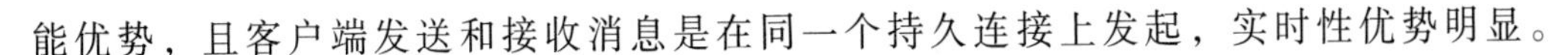
能优势，且客户端发送和接收消息是在同一个持久连接上发起，实时性优势明显。

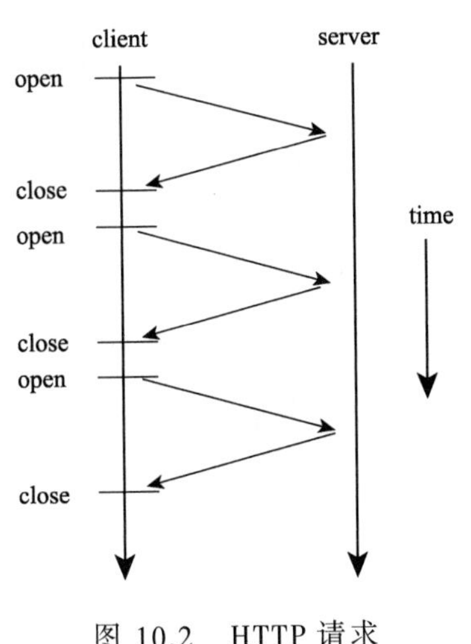

图 10.2　HTTP 请求

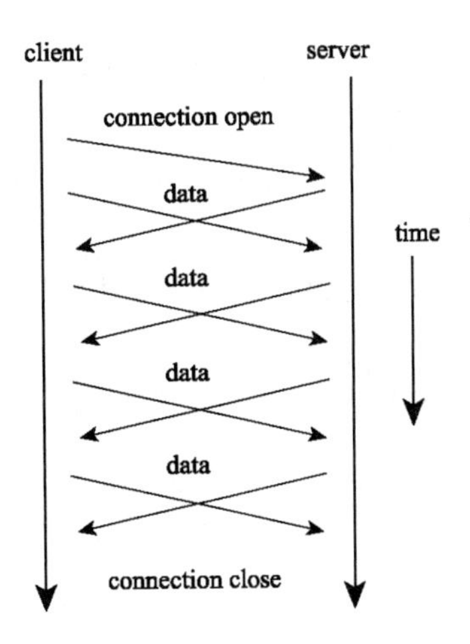

图 10.3　WebSocket 请求

10.2.4　Vue 页面通信

在 Vue 框架内，通信共分为三类：父子组件间通信、兄弟组件间通信和 Vuex 页面通信。

1. 父子组件间通信

父组件向子组件传递信息时，首先父组件引入子组件，在子组件上添加自定义属性，然后子组件通过 props 属性获取到父组件的传递值。子组件向父组件传递信息时，首先父组件需要注册回调事件，然后子组件内将需要传递给父组件的值通过$emit()方法触发父组件注册的回调函数。通过 props 属性和$emit()方法实现父子组件通信。

父组件引入<custom-tabs>子组件并传递数据，代码如下：

```
<custom-tabs :tabs="tabs" :activedIndex="0" @checkedItem="checkedItem">
</custom-tabs>
```

父组件向子组件传参时，通过 key="value"的形式传递给子组件，子组件内通过 props 方法，接收到父组件传递进来的数据，代码如下：

```
props:{
  tabs:{
    type: Array,
    default: []
  },
  activedIndex:{
    type: Number,
    default: 0
  }
}
props:{
  tabs:{
    type: Array,
    default: []
  },
  activedIndex:{
    type: Number,
    default: 0
```

```
    }
  }
```

子组件通过 props 接收到相应参数后，设置 type 属性，使用定义的数据类型验证传递参数格式是否符合规定。当验证不通过时，会在浏览器控制台提示相应的错误信息。通过 default 属性，说明父组件没有传递参数时的默认值。对象内还可以设置是否必填和自定义校验等功能。

子组件向父组件传递数据时，通过$emit()方法传递参数，具体代码如下：

```
checkedItem (item){
  const { key }=item
  this.indexed=key
  this.$emit('checkedItem', key, item)
}
checkedItem (item){
  const { key }=item
  this.indexed=key
  this.$emit('checkedItem', key, item)
}
```

当 checkedItem（name，val）方法被触发后，通过 this.$emit()方法，触发父组件注册的回调函数，将待传递值进行传递。格式如下：

```
this.$emit(name,val)
```

name 表示传递参数的事件名，val 表示待传递值。子组件传值完成后，父组件需要在引入子组件的地方，监听 name 事件名，并在父组件内通过回调函数，触发相应方法。上述代码中，父组件引入子组件时，通过@checkedItem="checkedItem"监听子组件返回值，通过父组件内定义的回调函数接收相应传递值，代码如下：

```
methods:{
  checkedItem (index, items){
    this.tabIndex=index
  }
}
```

2. 兄弟组件间通信

兄弟组件间传递数据，需要借助一个公共的平台“事件总线”，在 Vue 实例中，可以通过$emit()方法触发$on()监听。这个引入作为中间桥梁的 Vue 实例称为“事件总线”（eventBus）。通过 eventBus 可以在需要传值的页面通过$emit()方法触发对应事件，在兄弟组件内，通过$on()方法注册监听事件，用于接收$meit()方法传递的数据。通过这种方式，可以实现两个兄弟组件或互不关联的组件之间通信。

注意： 使用 eventBus 的页面，在页面实例被销毁前（beforedestroy）或销毁时（destroy），释放 eventBus 监听函数，否则可能会出现未知异常。$on()方法监听可以放在 created()或 mounted()方法内。

使用 eventBus 通信时，需要新的 Vue 实例，代码如下：

```
/src/utils/even.js
import Vue from 'vue'
const event=new Vue()
```

```
export default event
```

使用时，分为调用端和监听端。调用端用于输入待传值，监听端用于监听待触发事件，调用端传递数据，代码如下：

```
/src/pages/newVideo/index.vue
onUnload(){
  event.$emit('checkVideo', this.videoPath)
  this.videoPath=''
}
```

上述代码，当退出当前页面时，触发 checkVideo 函数，传递 videoPath 值到监听页面，监听端获取数据，代码如下：

```
/src/pages/release/index.vue
mounted(){
  event.$on('checkVideo', this.checkVideo)
},
onUnload(){
  event.$off('checkVideo', this.checkVideo)
}
```

在监听端，通过 event.$on()方法，监听待触发事件，通过 this.checkVide 方法，获取到传递值。因为 eventBus 属于全局实例，为了避免触发多个页面相同的事件，在页面被释放时，停止对应事件监听，避免造成监听函数污染。

3. Vuex 页面通信

对于小型项目，页面间通信采用 eventBus 可以满足需求，但是对于大型项目，通过 eventBus 传递数据会让数据变得不可追溯，不利于维护。因此，推荐使用 Vuex 来维护页面内通信。

Vuex 是为 Vue 应用程序开发的组件状态管理模式，集中管理应用的所有组件的状态，以单项数据流的方式来管理应用内数据。Vuex 实质是通过单例模式，将所有数据集中到一起，进行统一的管理，组件树构成了一个巨大的“视图”，不管在组件树的哪个位置，任何组件都能获取状态或者触发行为。对于页面间数据传递，可以通过 Vuex 来维护数据的一致性。

Vuex 通信方式稍显复杂，在案例内，对 Vuex 的使用进行了简单的封装，下面通过代码介绍 Vuex 在项目内的使用。该代码被封装在/src/store 文件内。使用时需要安装 Vuex，并在/src/main.js 内引用相关代码，代码如下：

```
npm install vuex -save
/src/main.js
import store from './store'
Vue.prototype.$store=store
/src/store/index.js
import Vue from 'vue'
import Vuex from 'vuex'
import user from './modules/user'
import chat from './modules/chat'
import getters from './getters'
import createLogger from 'vuex/dist/logger'
import article from './modules/article'
Vue.use(Vuex)
const debug=process.env.NODE_ENV!=='production'
const store=new Vuex.Store({
```

```
  modules:{
    user,
    chat,
    article
  },
  getters,
  strict: debug,
  plugins: debug?[createLogger()]:[]
})
export default store
```

上述代码，引入 Vuex 代码库，其中 modules 文件，存放所有业务上需要使用 Vuex 保存的对象。通过 createLogger 插件可以在开发环境 debug 相关操作。通过 getters 引入 state 的派生对象，用于对数据做相关处理。关于 Vuex 的具体语法，需要可以通过官网查看：https://vuex.vuejs.org/zh/。查看 modules 内部情况，代码如下：

```
/src/store/modules/user.js
const user={
  state:{
    userInfo:{}
  },
  mutations:{
    SET_USER_INFO: (state, info)=>{
      state.userInfo=info
    }
  },
  actions: {}
}
export default user
```

上述代码，state、mutations 和 actions 三者均为 Vuex 核心概念。State 内存储对应属性值。State 的值只能通过 mutations 内的方法修改，mutations 内方法属于同步修改。如果想异步修改 state 属性值，需要通过 actions 调用 mutations 方法，通过 mutations 方法修改 state 属性值。三者关系如图 10.4 所示。

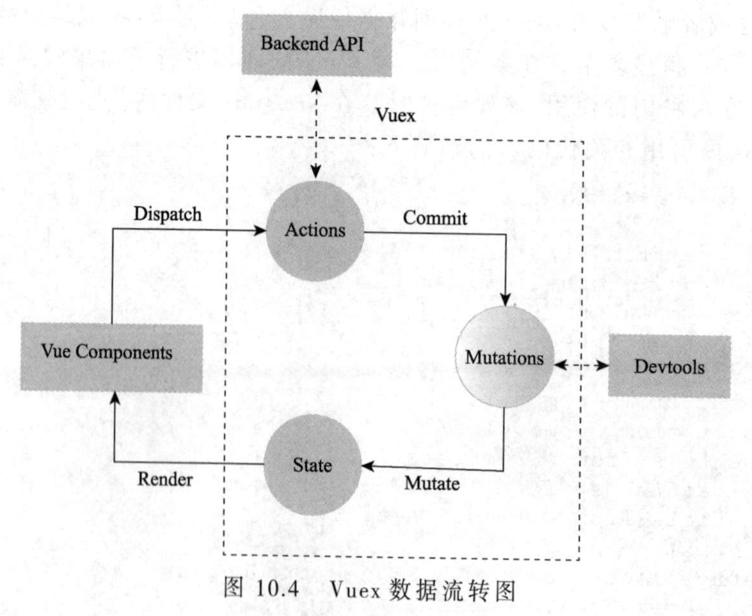

图 10.4　Vuex 数据流转图

通过上述操作，可以追溯每次修改 state 属性值时的情况，并且 state 属性值的改变，可以同步对页面进行更新显示。

10.3 应用实践

10.3.1 消息发送页

消息发送页的骨架代码已经通过 5.3.1 节构建完成，本节继续讲解消息发送页的整个业务逻辑。通过本节的学习，可以完成消息发送的完整逻辑。在开始本节学习前，先回顾一下静态页面布局的分析流程，再继续基于静态页面完成消息发送的功能讲解。

当输入待发送信息后，点击“发送”按钮，将消息通过 socket 通道发送给服务器端。服务器端通过相应的判断，将消息转发给需要接收的对象。上述流程，在页面通过 socket 发送数据，使用监听函数监听服务器端返回的数据并显示到页面中。

以私聊为案例，讲解演示消息发送流程。对于 socket 连接，本案例采用 weapp.socket.io 库完成聊天模块的开发，因此需要安装该第三方库。通过命令，完成安装后即可使用。

```
npm install weapp.socket.io -save
```

建立 socket 连接时，维持一个全局 socket 对象，接收所有信息，根据返回消息类型，在不同模块监听并处理对应消息，实现 socket 通信。在路径为/src/App.vue 页面内，建立 socket 连接，并且将完成连接的实例挂载到 Vue 对象上。代码如下：

```
/src/App.vue
onShow(){
  // 建立一个 socket 连接
  const io=require('../node_modules/weapp.socket.io')
  const socket=io('http://localhost:7001')
  socket.on('connect', function(){
    Vue.prototype.$socket=socket
    console.log('连接成功')
  })
}
```

通过 onShow()方法，完成 socket 连接后，即可在所有页面访问 socket 实例，每次打开小程序时自动重连,避免出现小程序打开后，后端检测到不在线的问题。

在聊天页内，点击发送按钮后，对消息的处理函数，代码如下：

```
sendConentHandle(){
  this.$socket.emit('chat',{
    target: 'admin',
    source: _id,
    payload:{
      id: uuid.v1(),
      message: this.speakText
    }
  })
  this.messages.push({
    id: uuid.v1(),
    message: this.speakText,
    messageType: 1
  })
```

```
    this.speakText=''
    const len=this.messages.length
    try {
      this.lastId=this.messages[ len-1 ].id
    } catch (error){ }
  }
```

该方法通过全局 socket 连接，触发 chat 事件，根据提供的消息发送模板，将消息发送到服务器端。完成消息的发送后，将自身消息添加（push）进消息存储数组内，以便于显示到页面中，完成后清空整个输入信息，记录 lastId，以便于页面滚动至最底部，展示最新消息。

进入当前页面时，在 mounted()方法内监听 socket 连接，以便于接收相应的回复信息，代码如下：

```
mounted(){
  this.$socket.on(_id, msg=>{
    const { data: { payload }, meta:{ target } }=msg
    this.messages.push({
      id: payload.id,
      message: payload.message,
      messageType: 0,
      name: target
    })
    const len=this.messages.length
    try{
      this.lastId=this.messages[ len-1 ].id
    } catch (error){ }
  })
},
```

通过 socket 实例化的.on()方法，监听当前 id 的信息，当有消息返回后，将其插入到数组的最后，并且记录其最后的 id。通过该方法，即可监听服务器发送的消息。上述方法仅对收发消息进行处理，对于正式的线上项目，如果需要自研聊天模块，需要处理异常和维持连接等情况。消息发送页开发完成后，效果如图 10.5 所示。

图 10.5 聊天功能

10.3.2　系统消息推送页

系统消息推送功能，主要管理小程序内所有系统消息的推送，采用 WebSockt 实现。页面设计如图 10.6 所示。

图 10.6　系统消息推送页

本案例中消息分为通知和私信两类。本节将介绍通知消息的具体实现，对于私信将在 10.3.3 节进行介绍。根据图 10.6 可知，通知共有 4 个类别，并且均是基于 Flex 完成的左右布局。代码如下：

```
<div class="msg-container__header">通知</div>
<div class="msg-container__content">
  <div class="msg-content__item">
    <div class="msg-item__list">
      <div class="msg-item__icon">
        <img :src="bell" />
      </div>
      <div class="msg-item__attent">关注</div>
    </div>
    <div class="msg-item__num">99</div>
  </div>

  <div class="msg-content__item">
    <div class="msg-item__list">
      <div class="msg-item__icon">
        <img :src="heart" />
      </div>
      <div class="msg-item__attent">喜欢</div>
    </div>
```

```
      <div class="msg-item__num">99</div>
    </div>

    <div class="msg-content__item">
      <div class="msg-item__list">
        <div class="msg-item__icon">
          <img :src="message" />
        </div>
        <div class="msg-item__attent">评论</div>
      </div>
      <div class="msg-item__num">99</div>
    </div>

    <div class="msg-content__item">
      <div class="msg-item__list">
        <div class="msg-item__icon">
          <img :src="sound" />
        </div>
        <div class="msg-item__attent">通知</div>
      </div>
      <div class="msg-item__num">99+</div>
    </div>

  </div>
```

系统推送功能使用 WebSocket 技术，实现通知信息的实时下发。在消息发送页已经将 socket 对象挂载到 Vue 实例上，推送功能根据类型判断即可，此处不做过多赘述。在消息推送页，如果为在线时，则通过 socket 获取最新消息，如果是第一次进入该页面，则通过对应接口查询未读消息。代码如下：

```
fetchData(){
  const{ _id }=this.userInfo
  getPushCount(_id).then((resData)=>{
    const { code, data }=resData
    if (code===0){
      const resDataTmp={}
      data.forEach(element=>{
        resDataTmp[element._id]=element.count
      })
      this.countData=resDataTmp
    }
  })
}
```

上述代码，获取到相关信息后，对数据进行简单过滤后，获取未读信息。

10.3.3 点对点推送页

在讲解业务逻辑之前，首先介绍私信模块的静态实现，同时巩固前面章节学习的动画属性和滑动事件等相关知识。设计时，私信模块具有左滑展示删除按钮的动态效果，点击“删除”按钮实现对对应类别消息的删除。代码如下：

```
<div class="product-list">
  <div class="product-item" v-for="(item, index) in productList":
key="item.id">
    <movable-area>
      <movable-view out-of-bounds="true" direction="horizontal":x=
"item.xmove"
        inertia="true"
        :data-productIndex="index"
        @touchstart="handleTouchStart"
        @touchend="handleTouchEnd"
        @change="handleMovableChange">
        <div class="product-item-wrap">
          <div class="movable-list__item">
            <div class="movable-item__user">
              <div class="item-user__avatar">
                <img />
              </div>
              <div class="item-user__userInfo">
                <div class="user-userInfo__nickname">小呆呆</div>
                <div class="user-userInfo__content">写得很好，可否加个微信
</div>
              </div>
            </div>
            <div class="movable-item__time">2019.04.03 18:55</div>
          </div>
        </div>
      </movable-view>
    </movable-area>
    <div class="delete-btn" :data-id="item.id" @click="handleDeleteProduct">
删除</div>
  </div>
</div>
```

上述代码，列表通过 v-for 循环读取数组数据渲染。每个列表项中“删除”按钮一直处于右侧，当向左滑动时，通过小程序的<movable-area>组件获得滑动事件，子组件<movable-view>会向左滑动，在向左滑动的过程中会慢慢看到“删除”按钮。在视觉上会感觉“删除”按钮被拖动出来。

样式代码如下：

```
<style lang="scss" scoped>
  @import '../../../style/variable.scss';

  .title {
    margin: 60rpx 0 30rpx;
    font-size: 40rpx;
    text-align: center;
    font-weight: bold;
    color: #383A3D;
  }

  .product-list .product-item{
```

```
  position: relative;
  width: 100vw;
  border-bottom: 2rpx solid #E9E9E9;
  box-sizing: border-box;
  background: #fff;
  z-index: 999;
}

.slide-product-list .slide-product-item{
  position: relative;
  width: 100vw;
  border-bottom: 2rpx solid #E9E9E9;
  box-sizing: border-box;
  background: #fff;
  z-index: 999;
}

.product-list .product-item movable-area{
  height: 120rpx;
  width: calc(100vw-120rpx);
}

.product-list .product-item movable-view{
  height: 120rpx;
  width: 100vw;
  background: #fff;
  z-index: 999;
}

.product-list .product-item .delete-btn{
  position: absolute;
  top: 0;
  bottom: 0;
  right: 0;
  width: 120rpx;
  font-family: PingFangSC-Regular;
  font-size: 24rpx;
  color: #FFFFFF;
  line-height: 120rpx;
  z-index: 1;
  background: #E66671;
  text-align: center;
}

.product-list .product-item-wrap{
  position: relative;
  padding: 0 $side-padding;
  box-sizing: border-box;
  height: 100%;
  .movable-list__item{
    width: 100%;
```

```
    height: 100%;
    display: flex;
    justify-content: space-between;
    align-items: center;
    .movable-item__user{
      display: inline-flex;
      align-items: center;
      .item-user__avatar{
        width: 42rpx;
        height: 42rpx;
        border-radius: 90px;
        overflow: hidden;
        background-color: #E66671;
        flex-shrink: 0;
        &>img{
          width: 42rpx;
          height: 42rpx;
          border-radius: 90px;
        }
      }
      .item-user__userInfo{
        font-size: 20rpx;
        color: #000;
        font-weight:500;
        padding: 0 20rpx;
        .user-userInfo__nickname{
          @include linemore1;
        }
        .user-userInfo__content{
          @include linemore1;
          font-size:20rpx;
          font-weight:bold;
          color: #999;
        }
      }
    }

    .movable-item__time{
      color: #999;
      font-size:20rpx;
      font-weight:500;
    }
  }
}
</style>
```

在拖动完成后的监听函数内，判断当前拖动的距离是否有删除按钮的一半。如果达到一半，则全部展开；如果未达到一半，则回到原点。所有判断逻辑写在 methods 方法内，代码如下：

```
methods:{
```

```
      /**
       * 显示删除按钮
       */
      showDeleteButton (e){
        let productIndex=e.mp.currentTarget.dataset.productindex
        this.setXmove(productIndex, -65)
      },
      /**
       * 隐藏删除按钮
       */
      hideDeleteButton(e){
        let productIndex=e.mp.currentTarget.dataset.productindex
        this.setXmove(productIndex, 0)
      },
      /**
       * 设置movable-view位移
       */
      setXmove (productIndex, xmove){
        let productList=this.productList
        productList[productIndex].xmove=xmove
        this.productList=productList
      },
      /**
       * 处理movable-view移动事件
       */
      handleMovableChange(e){
        if (e.mp.detail.source==='friction'){
          if (e.mp.detail.x<-30){
            this.showDeleteButton(e)
          } else {
            this.hideDeleteButton(e)
          }
        } else if (e.mp.detail.source==='out-of-bounds' && e.mp.detail.x
===0){
          this.hideDeleteButton(e)
        }
      },
      /**
       * 处理touchstart事件
       */
      handleTouchStart(e){
        this.startX=e.mp.touches[0].pageX
      },
      /**
       * 处理touchend事件
       */
      handleTouchEnd(e){
        if (e.mp.changedTouches[0].pageX<this.startX&&e.mp.changed Touches[0].
pageX-this.startX<=-30){
          this.showDeleteButton(e)
```

```
      } else if(e.mp.changedTouches[0].pageX>this.startX&&e.mp.changed
Touches[0].pageX-this.startX < 30){
        this.showDeleteButton(e)
      } else{
        this.hideDeleteButton(e)
      }
    },
    /**
     * 删除事件
     */
    handleDeleteProduct({ currentTarget: { dataset: { id } } }){
      let productList=this.productList
      let productIndex=productList.findIndex(item=>item.id===id)
      productList.splice(productIndex, 1)
      this.productList=productList
      if (productList[productIndex]){
        this.setXmove(productIndex, 0)
      }
    },
    /**
     * slide-delete 删除
     */
    handleSlideDelete ({ detail: { id } }){
      let slideProductList = this.slideProductList
      let productIndex = slideProductList.findIndex(item => item.id === id)
      slideProductList.splice(productIndex, 1)
      this.slideProductList = slideProductList
    }
  }
```

相关事件处理完成后，静态页面搭建完毕。相关数据聊天内容，依托推送功能根据类型判断即可，此处不做过多赘述。

10.4 知识拓展

聊天室

完成私信聊天后，可以在私信聊天的基础上完成聊天室的功能，实现多人在线聊天。在本节将会以私聊为基础，实现聊天室的功能。

聊天室的通信原理与私聊基本相同，但是聊天室会在私聊的基础上新增部分功能，包括全局系统通知、聊天室人员进入和退出通知、输入匹配的聊天室号，进入对应的聊天室等功能。上述功能新增聊天室输入房间号静态页面，并且复用消息发送页的相关逻辑。关于聊天室输入房间号的静态页面，此处不做过多赘述，可以参看源码/src/pages/room/index.vue 文件。输入房间号后，将房间号传递到聊天页面。在 mounted()方法内，提供 socket 监听方法，将用户加入到房间内，并且完成相关事件的监听。该页面在私聊的基础上，新增监听事件，代码如下：

```
  mounted() {
```

```
    const { roomId } = this.$route.query
    const _this = this
    // 加入到聊天室内
    this.connentSocket(roomId)
    // 监听连接聊天室成功
    this.$socket.on('online', d =>{
      console.log('home: ', d)
    })
    // 监听广播
    this.$socket.on('broadcast', (msg) =>{
      switch (msg.event) {
        // 新用户加入聊天室
        case 'new_user_join':
          _this.msgList.push({
            time: new Date().toLocaleString(),
            user: '系统通知',
            content: `用户 ${msg.data.user} 加入了聊天室......`
          })
          break
        // 用户退出聊天室
        case 'someone_exit':
          _this.msgList.push({
            time: new Date().toLocaleString(),
            user: '系统通知',
            content: `用户 ${msg.data.user} 退出了聊天室......`
          })
          break
        // 接收某用户的聊天内容
        case 'new_chat_content':
          _this.msgList.push({
            time: new Date().toLocaleString(),
            user: msg.data.user,
            content: msg.data.content
          })
          break
        default:
          break
      }
    })
  }
```

上述代码，在原有返回监听基础上，新增不同状态的处理方法，完成对应的全局系统通知、聊天室人员进入和退出通知等功能。

本节主要讲解通信模块的使用，关于WebSocket的使用场景较多，相对于使用第三方框架进行相关需求的实现，通过原生的方法，实现私聊、群聊和消息推送等功能，更能了解相关技术背后的原理及使用。在后续的代码优化过程中，会借助第三方平台实现聊天室，对于相关业务的处理更加丰富，但其原理与本章节讲解的知识点基本相同。

小　结

本章主要讲解 Vue 框架内的组件间通信、Ajax 通信和 WebSocket 通信的基础知识点。借助博客小程序中消息发送和消息推送功能的实现，讲解 Ajax 和 WebSocket 知识点的应用，最后在聊天的基础上扩展出聊天室功能。

习　题

一、选择题

1. Ajax 请求数据，断开连接时经历（　　）次挥手。

   A. 2　　B. 3　　C. 4　　D. 5

2. 本节一共介绍（　　）个 Vue 页面通信方式。

   A. 2　　B. 3　　C. 4　　D. 5

3. 关于 WebSocket 通信错误的是（　　）。

   A. WebSocket 是 HTML5 新出的协议，是一种在单个 TCP 连接上进行全双工通信的协议

   B. WebSocket 可以称为持久化连接

   C. WebSocket 通信时会在客户端和服务器端建立一个连接通道，组成单通道连接方式

   D. WebSocket 连接建立后，后续数据都以帧序列的形式传输

二、判断题

1. HTTP 是非持久化连接，WebSocket 是持久化连接。（　　）
2. 使用 Ajax 轮询请求数据，每次都需要经历 HTTP 三次握手。（　　）
3. Websocket 是将连接变成长连接形式，组成单通道连接方式。（　　）

三、填空题

1. 本章节介绍的通信的方式主要包括有__________、__________、__________、__________。

2. 若想要等间隔时间持续性的从服务器上获取数据，需要使用前端定时器不断通过 Ajax 发起 HTTP 请求，这一过程被称为________。

3. 兄弟组件间传递数据，需要借助一个公共的平台“事件总线”，在 Vue 实例中，可以通过________触发________。

四、简答题

简述持续获取服务器数据可以使用的方法。

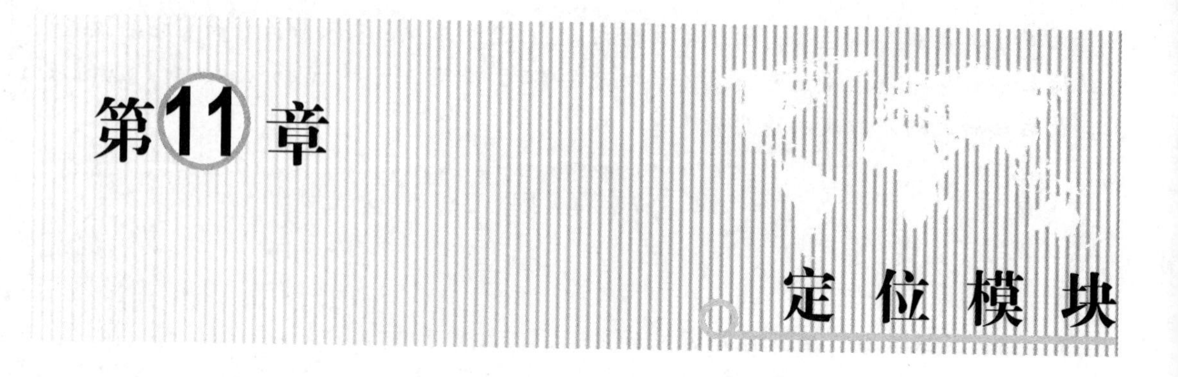

第11章 定位模块

11.1 模块概述

定位模块思维导图如图 11.1 所示。

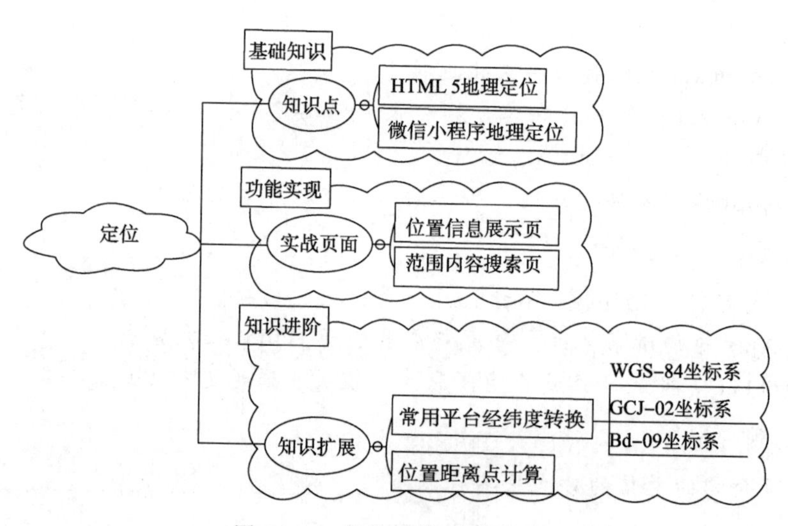

图 11.1 定位模块思维导图

本章主要讲解定位相关知识点。通过本章学习，可以了解地理定位在前端开发中的应用。通过案例中的位置信息显示页面和地区范围内容搜索页面，来展示定位在真实案例中的应用。在知识拓展部分，进一步讲解经纬度和位置点距离计算相关的知识点，包括常用平台经纬度转化、位置距离点计算。

11.2 模块知识点

11.2.1 HTML 5 地理定位

HTML 5 Geolocation API 用于获得用户的地理位置。该特性可能会涉及用户隐私，因此需要用户同意后，该 API 才可以获取位置信息。

```
<script>
  var x=document.getElementById("demo");
  function getLocation()
  {
    if (navigator.geolocation)
    {
      navigator.geolocation.getCurrentPosition(showPosition);
    }
    else{x.innerHTML="Geolocation is not supported by this browser.";}
    }
  function showPosition(position)
  {
    x.innerHTML="Latitude: " + position.coords.latitude +
    "<br />Longitude: " + position.coords.longitude;
  }
  </script>
```

上述代码，检测是否支持地理定位。如果不支持，则向用户显示一段提示消息。如果支持，则运行 getCurrentPosition()方法，将包括 latitude、longitude 以及 accuracy 等属性的位置对象传递给 showPosition()回调函数。showPosition() 函数将显示获得对象的经度和纬度等信息，返回属性及相关描述，如表 11.1 所示。

表 11.1　位置对象属性

属　　性	描　　述
coords.latitude	十进制数的纬度
coords.longitude	十进制数的经度
coords.accuracy	位置精度
coords.altitude	海拔，海平面以上以米计
coords.altitudeAccuracy	位置的海拔精度
coords.heading	方向，从正北开始以度计
coords.speed	速度，以米/每秒计
timestamp	响应的日期/时间

注意：在拥有 GPS 的设备上，定位信息更加准确。watchPosition()方法可以实时返回更新位置信息。

11.2.2　微信小程序地理定位

小程序内关于地理定位共有 3 个方法：

（1）wx.openLocation(Object object)：使用微信内置地图查看位置。可以传递的对象属性如表 11.2 所示。

表 11.2　openLocation 可以传递的对象属性

属　　性	说　　明
latitude	纬度，范围为-90° ~ 90° ，负数表示南纬，gcj02 国测局坐标系

续表

属　　性	说　　明
longitude	经度，范围为-180°～180°，负数表示西经，gcj02 国测局坐标系
scale	缩放比例，范围 5～18
name	位置名
address	地址的详细说明
success	接口调用成功的回调函数
fail	接口调用失败的回调函数
complete	接口调用结束的回调函数（调用成功、失败都会执行）

调用 wx.openLocation()方法，代码如下：

```
wx.getLocation({
  type: 'gcj02',          // 返回可以用于 wx.openLocation 的经纬度
  success(res){
    const latitude=res.latitude
    const longitude=res.longitude
    wx.openLocation({
      latitude,
      longitude,
      scale: 18
    })
  }
})
```

（2）wx.getLocation(Object object)：获取当前的地理位置、速度信息。

可传递参数如表 11.3 所示。

表 11.3　可传递参数

属　　性	说　　明
Type	wgs84 返回 gps 坐标，gcj02 返回可用于 wx.openLocation 的坐标
Altitude	传入 true 会返回高度信息，由于获取高度需要较高精确度，会减慢接口返回速度
Success	接口调用成功的回调函数
fail	接口调用失败的回调函数
complete	接口调用结束的回调函数（调用成功、失败都会执行）

object.success 调用成功回调函数，相关属性如表 11.4 所示。

表 11.4　成功回调函属性及说明

属　　性	说　　明
latitude	纬度，范围为-90°～90°，负数表示南纬
longitude	经度，范围为-180°～180°，负数表示西经
speed	速度，单位 m/s
accuracy	位置的精确度
altitude	高度，单位 m

续表

属　性	说　明
verticalAccuracy	垂直精度，单位 m（Android 无法获取，返回 0）
horizontalAccuracy	水平精度，单位 m

调用 wx.getLocation()方法，代码如下：

```
wx.getLocation({
  type: 'wgs84',
  success(res){
    const latitude=res.latitude
    const longitude=res.longitude
    const speed=res.speed
    const accuracy=res.accuracy
  }
})
```

（3）wx.chooseLocation(Object object)：打开地图选择位置，相关属性及说明如表 11.5 所示。

表 11.5　chooseLocation()属性及说明

返　回　值	说　明
success	接口调用成功的回调函数
fail	接口调用失败的回调函数
complete	接口调用结束的回调函数（调用成功、失败都会执行）

object.success()回调函数返回数据属性及说明，如表 11.6 所示。

表 11.6　object.success()返回属性及说明

属　性	说　明
name	位置名称
address	详细地址
latitude	纬度，浮点数，范围为-90°～90°，负数表示南纬。使用 gcj02 国测局坐标系
longitude	经度，浮点数，范围为-180°～180°，负数表示西经。使用 gcj02 国测局坐标系

11.3　应用实践

11.3.1　位置信息展示页

在“文章详情”页，点击位置信息，系统将调用微信 API 接口，查看该文章发布地点。通过该方法，将经纬度传递给相关接口后，可以打开微信内置地图，显示文章所在位置。在“文章详情”页骨架代码内监听点击位置信息，具体代码如下：

```
<div class="info-location">
  <image :src="locationIcon" />
  <span v-if="articleDetail.location" @click="locationHandle(article
Detail.location)">{{articleDetail.location.address}}</span>
```

```
</div>
```

将文章详情的 location 参数传递给点击事件，通过点击事件获取该文章经纬度，再调用 wx.openLocation()方法，调用微信内置地图查看所在位置，代码如下：

```
locationHandle(address){
  const {location:{ lat, lng }}=address
  wx.openLocation({
    latitude: lat,
    longitude: lng,
    scale: 18
  })
}
```

借助微信地图，可以快速完成地图显示的开发功能。

11.3.2 范围内容搜索页

范围内容搜索逻辑主要由后端完成，前端只需要传递当前位置信息，展示后端返回的特定范围内的点位信息，完成数据的加载工作。

本案例通过腾讯地图实现，开发前需要注册腾讯地图 API。登录腾讯地图开放平台，进入控制台，选中 key 管理，使用小程序 appid 创建一个小程序使用的密钥。注册完成后，将 key 记住待用。完成后开始静态页面开发，设计页面如图 11.2 所示。

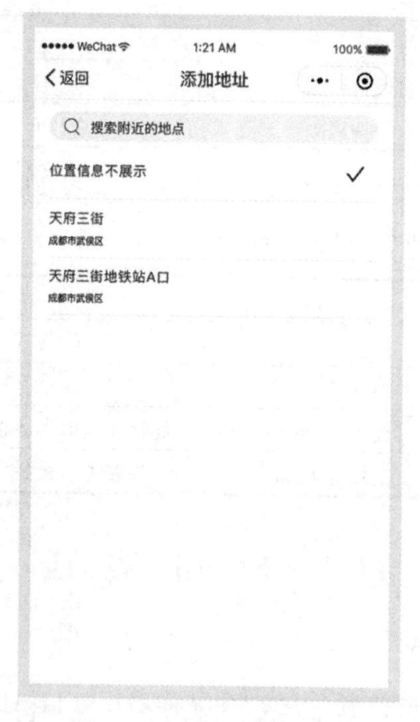

图 11.2　添加地址页面

根据图 11.2 可知，当前页面可以分为 3 个模块单独开发，搜索模块、位置信息不展示模块和搜索结果展示模块。根据分析结果开始静态页面开发，骨架代码如下：

```
<template>
  <div class="article-container">
    <div class="article-attachment">
```

```
        <div class="attach-search__wrap">
          <img :src="searchIcon" class="header-container__search" />
          <input
          v-model="searchText"
          @confirm="searchHandle"
          confirm-type="search"
          placeholder="搜索附近的地点"
          class="header-container__input"
          />
        </div>
        <div class="attach-item" @click="checkHandle(0)">
          <div class="attach-item__header">
            <div class="attach-item__text">位置信息不展示</div>
          </div>
          <div v-if="checkActive === 0" class="attach-item__text item-info">
            <image :src="checkIcon" />
          </div>
        </div>
        <div v-for="(item, index) in location" :key="index" @click=
"checkHandle(index+1, item)" class="attach-item">
          <div class="attach-item__header">
            <div class="attach-item__text">{{item.title}}</div>
            <div class="attach-item__text">{{item.address}}</div>
          </div>
          <div v-if="checkActive===index+1" class="attach-item__text
item-info">
            <image :src="checkIcon" />
          </div>
        </div>
      </div>
    </div>
  </template>
```

上述代码共分为 3 个模块：header 搜索模块、位置信息不展示模块、附近地点展示模块。对于相关模块的样式和布局方式，同前章节基本类似，此处暂不赘述。

完成静态页面开发后，开始具体逻辑的实现。当进入页面时，获取当前位置信息，以当前位置为中心，查询附近的地点，以列表项的形式展示出来。默认选中位置信息不展示选项。也可以通过搜索结果，更新附近位置信息。分步骤实现如下：

进入页面时，获取当前位置信息并查找附近地点。代码如下：

```
  mounted(){
    this.currentLocation()
  }
  methods:{
  currentLocation(){
      const _this=this
      wx.getLocation({
        type: 'wgs84',
        success (res){
          const{ latitude, longitude }=res
          const searchObj={
```

```
          location: `${latitude},${longitude}`,
          get_poi: 1,
          poi_options: 'address_format='+'short;radius='+'5000; policy='+'4',
          key: 'QRSBZ-****-****-****-****-IWBRX'
        }
        let str=''
        for (let i in searchObj){
          str+=`${i}=${searchObj[i]}&`
        }
        getGeocoder(str).then((resData)=>{
          const { result: { pois } }=resData
          _this.location=pois
        })
      }
    })
  }
}
```

在 mounted()函数内调用 currentLocation()方法，使用小程序的 API 接口 wx.getLocation()获取当前位置的经纬度，再使用腾讯地图提供的 API 接口 getGeocoder()获取当前经纬度附近位置信息。getGeocoder()方法封装在 src/api/positioning 内，代码如下：

```
export function getSurrounding (code){
  return new Promise(function (resolve, reject){
    request.get('https://apis.map.qq.com/ws/place/v1/search',{
      ...code
    })
      .then(res=>{
        resolve(res)
      })
      .catch(function(e){
        reject(e)
      })
  })
}
```

在封装 flyio 请求库时，已经配置了全局的 URL 前缀，在调用 API 接口时只需传路由地址，flyio 请求库会判断 URL 地址是否完整，为不完整的 URL 地址自动添加全局的 URL 前缀。因为本次需要请求腾讯地图 API 地址，所以需要使用完整的 URL 路径地址。

上述代码中，在请求 getGeocoder()方法前，对相应请求做了二次处理，案例内采用腾讯地图的 WebService API，也可以采用小程序接口库封装。接口采用腾讯地点搜索的逆地址解析，查询周边位置的商圈、附近知名的大型区域、一级地标和代表当前位置的二级地标等，搜索周边携带属性解析如表 11.7 所示。

表 11.7　地点搜索属性图

参　数	必　填	说　明	示　例
location	是	位置坐标，格式： location=lat<纬度>,lng<经度>	location= 39.984154,116.307490

续表

参　数	必　填	说　明	示　例
get_poi	否	是否返回周边 POI 列表： 1.返回；0 不返回(默认)	get_poi=1
poi_options	否	用于控制 POI 列表： （1）poi_options=address_format=short 返回短地址，缺省时返回长地址。 （2（poi_options=radius=5000 半径，取值范围 1～5000（米）。 （3）poi_options=page_size=20 每页条数，取值范围 1～20。 （4）poi_options=page_index=1 页码，取值范围 1～20；分页时 page_size 与 page_index 参数需要同时使用。 （5）poi_options=policy=1/2/3/4/5 控制返回场景： ● policy=1[默认]：以地标+主要的路+近距离 POI 为主，着力描述当前位置。 ● policy=2：到家场景：筛选合适收货的 POI，并会细化收货地址，精确到楼栋。 ● policy=3：出行场景：过滤掉车辆不易到达的 POI(如一些景区内 POI)，增加道路出入口、交叉口、大区域出入口类 POI，排序会根据真实 API 大用户的用户点击自动优化。 ● policy=4：社交签到场景，针对用户签到的热门地点进行优先排序。 ● policy=5：位置共享场景，用户经常用于发送位置、位置分享等场景的热门地点优先排序。 （6）poi_options=category=分类词 1,分类词 2，指定分类，多关键词英文逗号分隔	单个参数写法示例： poi_options=address_format=short 多个参数英文分号间隔，写法示例： poi_options=address_format=short;radius=5000; page_size=20;page_index=1;policy=2
key	是	开发密钥（Key）	key=OB4BZ-D4W3U-B7VVO-4PJWW-6TKDJ-WPB77
output	否	返回格式：支持 JSON/JSONP，默认 JSON	output=json
callback	否	JSONP 方式回调函数	callback=function1

上述内容，对 POI 列表的控制，需要构造出相应格式的数据，并且 GET 请求的参数结构要求必须通过“&”分隔，因此通过 for 循环遍历已有对象，将其构造为 GET 请求需要的参数。当请求完成后，返回结果如图 11.3 所示。

完成第一步的提取后，通过搜索可以查询，距离搜索地址最近的地理位置信息，同样使用 webserver API 地点搜索接口，完成指定地点的附近地址搜索功能，调用 API 接口地址如下：

https://apis.map.qq.com/ws/place/v1/search

请求参数与逆地址解析类似，具体参数如表 11.8 所示。

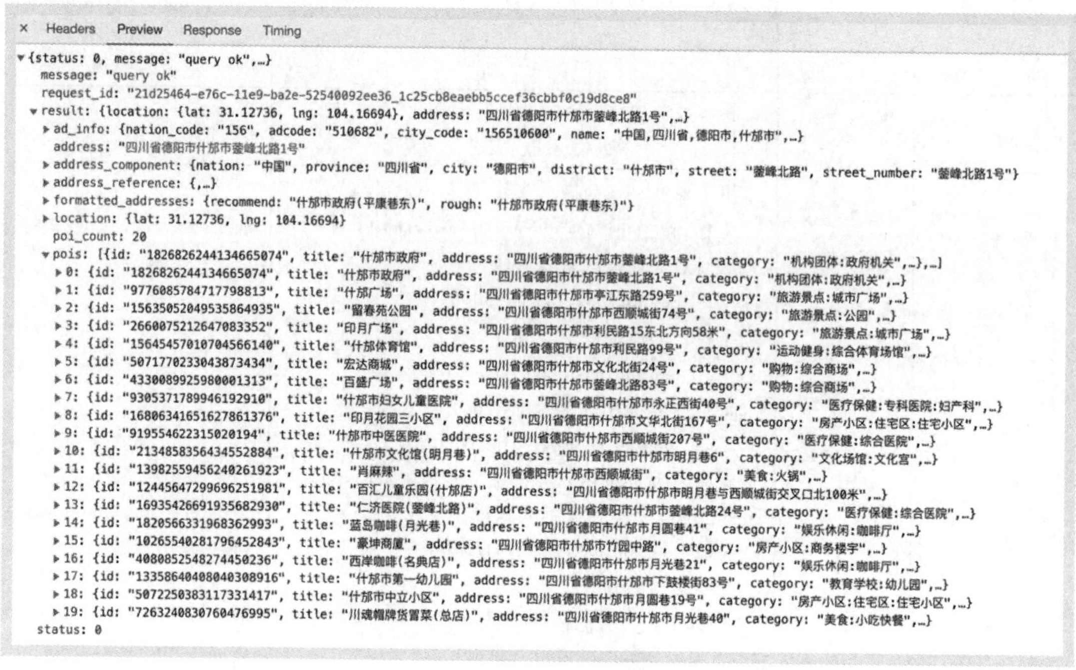

```
× Headers  Preview  Response  Timing
▼{status: 0, message: "query ok",…}
  message: "query ok"
  request_id: "21d25464-e76c-11e9-ba2e-52540092ee36_1c25cb8eaebb5ccef36cbbf0c19d8ce8"
 ▼result: {location: {lat: 31.12736, lng: 104.16694}, address: "四川省德阳市什邡市蓥峰北路1号",…}
  ▶ad_info: {nation_code: "156", adcode: "510682", city_code: "156510600", name: "中国,四川省,德阳市,什邡市",…}
   address: "四川省德阳市什邡市蓥峰北路1号"
  ▶address_component: {nation: "中国", province: "四川省", city: "德阳市", district: "什邡市", street: "蓥峰北路", street_number: "蓥峰北路1号"}
  ▶address_reference: {,…}
  ▶formatted_addresses: {recommend: "什邡市政府(平康巷东)", rough: "什邡市政府(平康巷东)"}
  ▶location: {lat: 31.12736, lng: 104.16694}
   poi_count: 20
  ▼pois: [{id: "1826826244134665074", title: "什邡市政府", address: "四川省德阳市什邡市蓥峰北路1号", category: "机构团体:政府机关",…},…]
   ▶0: {id: "1826826244134665074", title: "什邡市政府", address: "四川省德阳市什邡市蓥峰北路1号", category: "机构团体:政府机关",…}
   ▶1: {id: "9776085784717798813", title: "什邡广场", address: "四川省德阳市什邡市亭江东路259号", category: "旅游景点:城市广场",…}
   ▶2: {id: "15635052049535864935", title: "留春苑公园", address: "四川省德阳市什邡市西顺城街74号", category: "旅游景点:公园",…}
   ▶3: {id: "2660075212647083352", title: "印月广场", address: "四川省德阳市什邡市利民路15东北方向58米", category: "旅游景点:城市广场",…}
   ▶4: {id: "15645457010704566140", title: "什邡体育馆", address: "四川省德阳市什邡市利民路99号", category: "运动健身:综合体育场馆",…}
   ▶5: {id: "5071770233043873434", title: "宏达商城", address: "四川省德阳市什邡市文化北街24号", category: "购物:综合商场",…}
   ▶6: {id: "4330089925980001313", title: "百盛广场", address: "四川省德阳市什邡市蓥峰北路83号", category: "购物:综合商场",…}
   ▶7: {id: "9305371789946192910", title: "什邡市妇女儿童医院", address: "四川省德阳市什邡市永正西街40号", category: "医疗保健:专科医院:妇产科",…}
   ▶8: {id: "16806341651627861376", title: "印月花园三小区", address: "四川省德阳市什邡市文华北街167号", category: "房产小区:住宅区:住宅小区",…}
   ▶9: {id: "919554622315020194", title: "什邡市中医医院", address: "四川省德阳市什邡市西顺城街207号", category: "医疗保健:综合医院",…}
   ▶10: {id: "2134858356434552884", title: "什邡市文化馆(明月巷)", address: "四川省德阳市什邡市明月巷6", category: "文化场馆:文化宫",…}
   ▶11: {id: "13982559456240261923", title: "肖麻辣", address: "四川省德阳市什邡市西顺城街", category: "美食:火锅",…}
   ▶12: {id: "12445647299696251981", title: "百汇儿童乐园(什邡店)", address: "四川省德阳市什邡市明月巷与西顺城街交叉口北100米",…}
   ▶13: {id: "16935426691935682930", title: "仁济医院(蓥峰北路)", address: "四川省德阳市什邡市蓥峰北路24号", category: "医疗保健:综合医院",…}
   ▶14: {id: "1820566331968362993", title: "蓝岛咖啡(月光巷)", address: "四川省德阳市什邡市月圆巷41", category: "娱乐休闲:咖啡厅",…}
   ▶15: {id: "10265540281796452843", title: "豪坤商厦", address: "四川省德阳市什邡市竹园中路", category: "房产小区:商务楼宇",…}
   ▶16: {id: "4080852548274450236", title: "西岸咖啡(名典店)", address: "四川省德阳市什邡市月光巷21", category: "娱乐休闲:咖啡厅",…}
   ▶17: {id: "13358640408040308916", title: "什邡市第一幼儿园", address: "四川省德阳市什邡市下鼓楼街83号", category: "教育学校:幼儿园",…}
   ▶18: {id: "5072250383117331417", title: "什邡市中立小区", address: "四川省德阳市什邡市月圆巷19号", category: "房产小区:住宅区:住宅小区",…}
   ▶19: {id: "7263240830760476995", title: "川魂帽牌货冒菜(总店)", address: "四川省德阳市什邡市月光巷40", category: "美食:小吃快餐",…}
 status: 0
```


图 11.3　返回地址信息

表 11.8　请求参数说明

参　　数	必填	说　　明	示　　例
keyword	是	POI 搜索关键字，用于全文检索字段	keyword=酒店，注意键值要进行 URL 编码（推荐 encodeURI），如 keyword=%e9%85%92%e5%ba%97
boundary	是	搜索地理范围	示例 1，指定地区名称，不自动扩大范围：boundary=region(北京,0)。 示例 2，周边搜索（圆形范围）：boundary=nearby(39.908491,116.374328,1000)。 示例 3，矩形区域范围：boundary=rectangle(39.9072,116.3689,39.9149,116.3793)
filter	否	筛选条件： 最多支持 5 个分类	搜索指定分类： filter=category=公交站 搜索多个分类： filter=category=大学,中学 排除指定分类： filter=category<>商务楼宇 （注意参数值要进行 url 编码）
orderby	否	排序，目前仅周边搜索（boundary=nearby） 支持按距离由近到远排序，取值：_distance	orderby=_distance
page_size	否	每页条目数，最大限制为 20 条	page_size=10
page_index	否	第 x 页，默认第 1 页	page_index=2

续表

参　　数	必填	说　　明	示　　例
key	是	开发密钥（Key）	key=d84d6d83e0e51e481e50454ccbe8986b
output	否	返回格式：支持 JSON/JSONP，默认 JSON	output=json
callback	否	JSONP 方式回调函数	callback=function1

案例内只需要搜索当前位置周边地点，因此只需要构造参数：

```
boundary: 'nearby(' + latitude + ',' + longitude + ',1000)'
```

通过该参数结合 keyword 参数即可获取当前位置搜索的关键词信息。如果只想通过搜索获取搜索地址周边信息，可以先调用地址解析接口，将输入的信息转化为具体的经纬度，再调用地点搜索接口。案例内采用当前地址信息结合关键词搜索附近信息。代码如下：

```
nearLocation(){
  const _this=this
  wx.getLocation({
    type: 'wgs84',
    success (res){
      const latitude=res.latitude
      const longitude=res.longitude
      const searchObj={
        boundary: 'nearby('+latitude+','+longitude+',1000)',
        keyword: _this.searchText,
        page_index: _this.page,
        page_size: _this.pageSize,
        orderby: '_distance',
        key: 'QRSBZ-WB7W4-*****-D4LTA-UUKGO-IWBRX'
      }
      getSurrounding(searchObj).then((resData)=>{
        const { data, status }=resData
        if (status===0){
          _this.location=data
        }
      })
    }
  })
}
```

完成关键的两个方法后，进一步完善业务场景。对搜索框需加入如下判断：如果没有输入搜索信息，需要根据当前位置调用逆地址解析接口查询数据。如果有输入搜索信息，需要根据地点搜索接口查询数据，代码如下：

```
searchHandle(){
    this.checkActive=''
    if (this.searchText){
        this.nearLocation()
    } else{
```

```
        this.currentLocation()
    }
}
```

选中地址，可以通过点击相应地址后，退出当前页面，并且将选中的地点传递回上级页面用于展示。代码如下：

```
checkHandle(index, data){
  this.checkActive=index
  event.$emit('checkLocation', data)
  this.$router.go(-1)
}
```

通过该方法，可以切换当前选中列表项的位置，通过$emit()方法将数据传递给上级页面后，使用 this.$router.go（-1）返回上级页面。

11.4 应 用 拓 展

11.4.1 常用平台经纬度转化

在平常应用中，经常会遇到接入地图的需求，在接入地图的过程中，可能会接触到一些关于经纬度的相关专业名词，因此，在本小节简单介绍经纬度的基本名词等。帮助开发者更加方便地接入地图功能。

常用平台的经纬度共有 3 种表现格式，分别为度、度.分、度.分.秒。基本换算单位为 1 度 = 60 分 = 3 600 秒。

十进制转度分秒：

例如：某经度的十进制表示：60.2382。转化为度分秒表示：

度：60°；

分：0.2382*60 = 14.292′；

秒：0.292*60 = 17.52″；

因此，转化后为：60°14′17.52″。

市面上比较大型的地图，包括百度、高德、腾讯和谷歌等，地图坐标系不尽相同。目前使用的主流坐标系有：

（1）WGS-84 坐标系：国际上采用的地心坐标系，谷歌、GPS 模块均使用该坐标系；但国内不能直接使用 WGS-84 坐标系，因此，谷歌在国内使用的也是 GCJ-02 坐标系。

（2）GCJ-02 坐标系：又名“火星坐标系”，将 WGS84 坐标系经加密后的坐标系。该坐标系被腾讯、高德地图所使用。

（3）Bd-09 坐标系：又名“百度坐标系”，将 CJ02 坐标系经加密后的坐标系。

百度坐标系与火星坐标系可以相互转化，具体转化代码如下：

```
//百度坐标转高德（传入经度、纬度）
function bgps_gps(bd_lng, bd_lat){
    var X_PI=Math.PI*3000.0/180.0;
    var x=bd_lng-0.0065;
    var y=bd_lat-0.006;
    var z=Math.sqrt(x*x+y*y)-0.00002*Math.sin(y*X_PI);
```

```
    var theta=Math.atan2(y, x)-0.000003*Math.cos(x*X_PI);
    var gg_lng=z*Math.cos(theta);
    var gg_lat=z*Math.sin(theta);
    return {lng:gg_lng, lat:gg_lat}
}
//高德坐标转百度（传入经度、纬度）
function gps_bgps(gg_lng, gg_lat){
    var X_PI= Math.PI*3000.0 / 180.0;
    var x=gg_lng, y=gg_lat;
    var z=Math.sqrt(x*x+y*y)+0.00002*Math.sin(y*X_PI);
    var theta=Math.atan2(y, x) + 0.000003 * Math.cos(x*X_PI);
    var bd_lng=z*Math.cos(theta)+0.0065;
    var bd_lat=z*Math.sin(theta)+0.006;
    return {
        bd_lat:bd_lat,
        bd_lng:bd_lng
    };
}
```

11.4.2 位置距离点计算

位置距离点计算可以通过相应的算法实现，也可以通过第三方服务计算，本节简单介绍两坐标点的距离计算方法。最后根据两坐标点的距离，计算范围内的用户数等情况。

计算两坐标点的直线距离代码如下：

```
function caculateLL(lat1,lng1,lat2,lng2){
   var radLat1=lat1*Math.PI/180.0;
   var radLat2=lat2*Math.PI/180.0;
   var a=radLat1-radLat2;
   var b=lng1*Math.PI/180.0-lng2*Math.PI/180.0;
   var  s=2*Math.asin(Math.sqrt(Math.pow(Math.sin(a/2),2)+Math.cos(radLat1)
*Math.cos(radLat2)*Math.pow(Math.sin(b/2), 2)));
   s=s*6378.137;
   s=Math.round(s*10000)/10000;
   return s
};
```

小　结

本章主要讲解定位相关知识点，在介绍完小程序和 HTML5 中定位的使用后，借助腾讯地图，完成位置信息和范围内容搜索的定制化开发。最后简单的介绍各平台之间的经纬度转化公式和两个位置距离的计算方法。

习　题

一、选择题

1. coords 属性返回的经纬度是（　　）进制数。

   A. 八进制　　B. 十进制　　C. 十六进制　　D. 二进制

2. 微信小程序打开内置地图，所用属性为（　　）。

A. getCurrentPosition()　　B. openLocation()

C. getLocation()　　D. getLocation()

3. 某精度十进制表示 60.2382，转化为度分秒为（　　）。

A. 60°13′17.52″　　B. 60°13′17.52″

C. 60°14′17.52″　　D. 60°14′18.52″

二、判断题

1. 获取位置定位需要用户授权。（　　）

2. WGS-84 坐标系，又名"火星坐标系"。（　　）

3. 分别为度、度.分、度.分.秒。基本换算单位为 1 度 = 100 分 = 10000 秒。（　　）

三、填空题

1. 小程序内关于地理定位的三个方法分别是________、________、________。

2. 常用平台的经纬度共有 3 种表现格式，分别是________、________、________。

3. HTML5 的地理定位使用 API 为________。

四、简答题

某经度的十进制 35.3412，将其转化为度分秒。

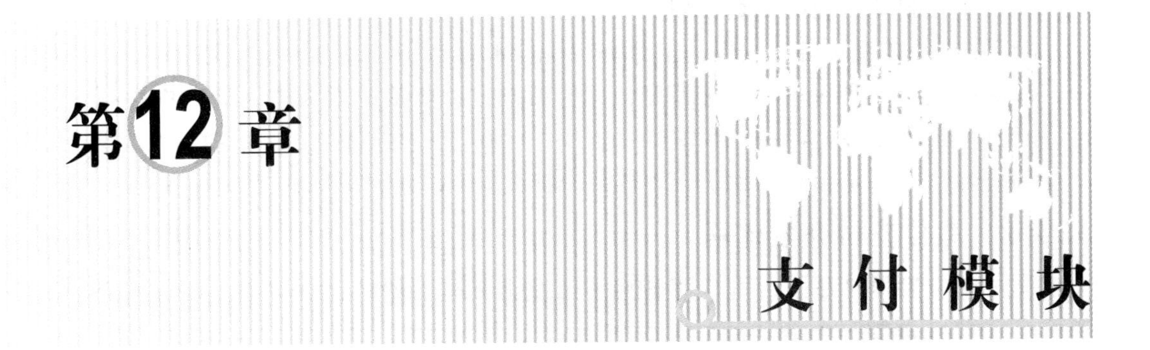

第12章 支付模块

12.1 模块概述

支付模块思维导图如图 12.1 所示。

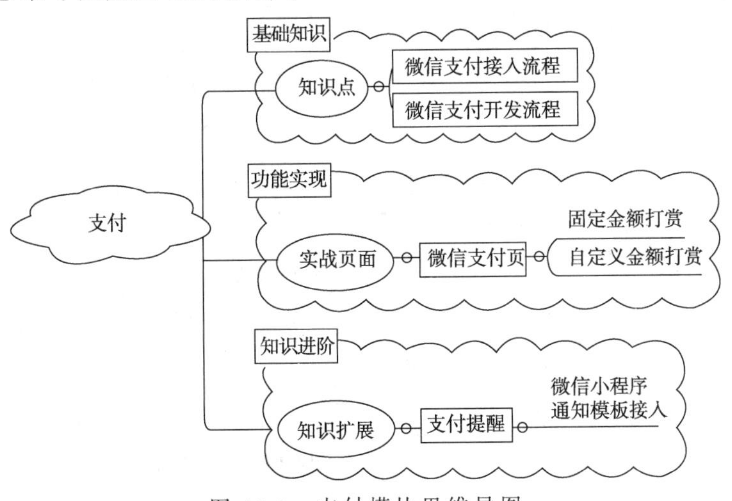

图 12.1 支付模块思维导图

本章主要讲解小程序集成微信支付的知识，让开发者掌握微信支付开发和接入流程。在项目实践中，通过微信支付页面强化支付流程在案例中的应用。在知识拓展部分，继续深入讲解支付完成后，消息推送等功能。

12.2 模块知识点

12.2.1 微信支付接入流程

微信支付接入开发前需要微信小程序账号开通微信支付。

注意：个人无法开通微信支付，以下开通微信支付流程，均基于公司资质小程序。

在开通微信支付前，需要申请一个微信小程序账号，主体为非个人账号。在后台面板点击“支付”，开通微信支付，可以新申请微信支付商户号或绑定一个已有的微信支付商户号，根据业务需要和具体情况选择。

支付需用到支付相关参数说明：

（1）appid 必须为启动收银台的小程序 appid。

（2）mch_id 是和 appid 成对绑定的支付商户号，收款资金会进入该商户号。

（3）trade_type 默认填写 JSAPI。

（4）openid 为 appid 对应的用户标识，即使用 wx.login 接口获得的 openid。

12.2.2 微信支付开发流程

通过支付流程时序图，可以清晰地了解整个流程，如图 12.2 所示。

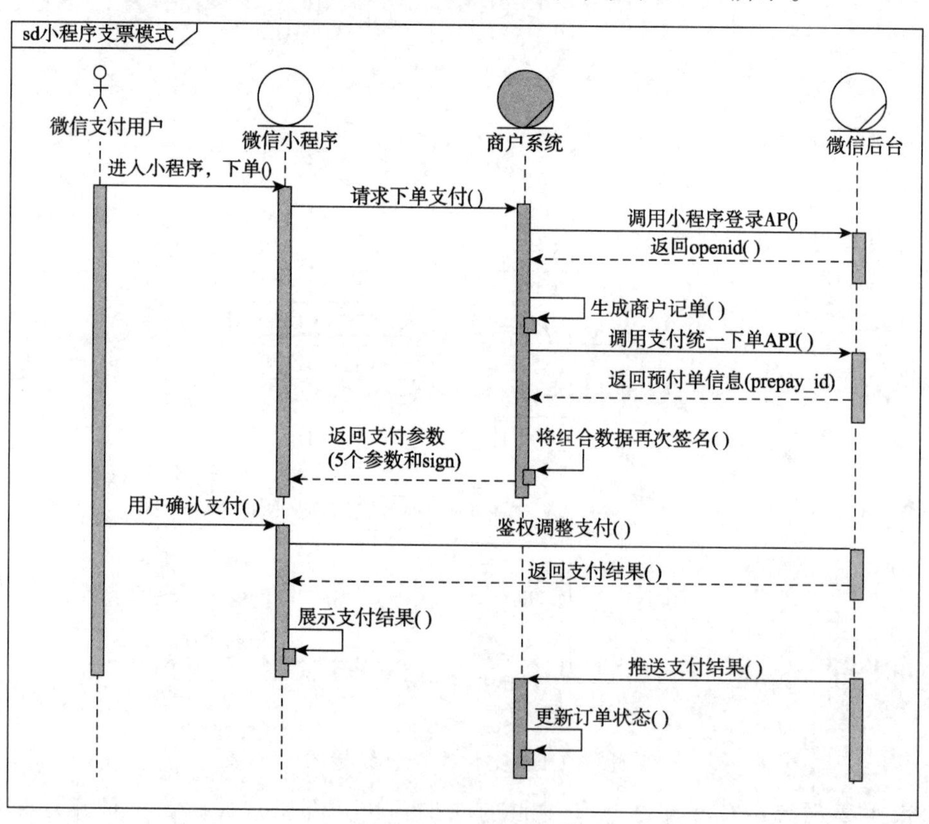

图 12.2 微信支付流程时序图

根据图 12.2，分步讲解整个微信支付流程：

（1）用户进入小程序发起下单流程，将所需相关参数发送应用后台。后台拿到相关数据后，向微信服务器发起请求，返回 openid（此步骤可以在小程序登录时操作，若前面已经完成小程序登陆流程，可省略）。后台通过 openid 等信息生成商户订单。调用支付统一下单 API()。后端拿到微信小程序服务器返回的预支付订单信息后，将数据二次签名，返回给小程序使用。

（2）用户确认订单，通过微信小程序支付 API 发起支付请求。微信服务器返回并展示支付结果。同时，微信服务器会将支付结果推送给服务器，后端保存支付订单。

总结：小程序端将支付参数（小程序用户信息，支付金额等）发送给应用服务器，应用服务器拿到相关信息后调用微信接口生成预支付订单，返回给前端。完成第一次接口交互。小程序端拿到回调结果后，再次通过微信小程序支付 API 发起真正支付请求，微信服务器会将请求数据与应用服务器发送的预支付信息对比验证，验证完成则返回支付成功，若有其他异常则支付失败。

如果在之前已经完成过小程序登录流程，可以直接通过应用服务器发起预订单签名。签名通过后返回的数据，前端一定不能直接将签名发送到微信服务器，必须重新使用原始数据通过加密算法生成新的签名，再发送给微信服务器，否则一直报-1 错误。

12.3　应用实践

微信支付页

案例内，打赏文章时，需要调用微信支付完成。本节将会以案例的打赏功能为核心，讲解微信支付的具体流程。在 12.2.1 小节已经有介绍，使用微信支付需要企业或个体户资质，个人资质无法开通微信支付。开始开发前，需要确认微信支付是否已经开通，并且与小程序绑定。通过微信公众平台登录微信小程序后台，选择微信支付，可以查看当前已关联的商户号，如图 12.3 所示。

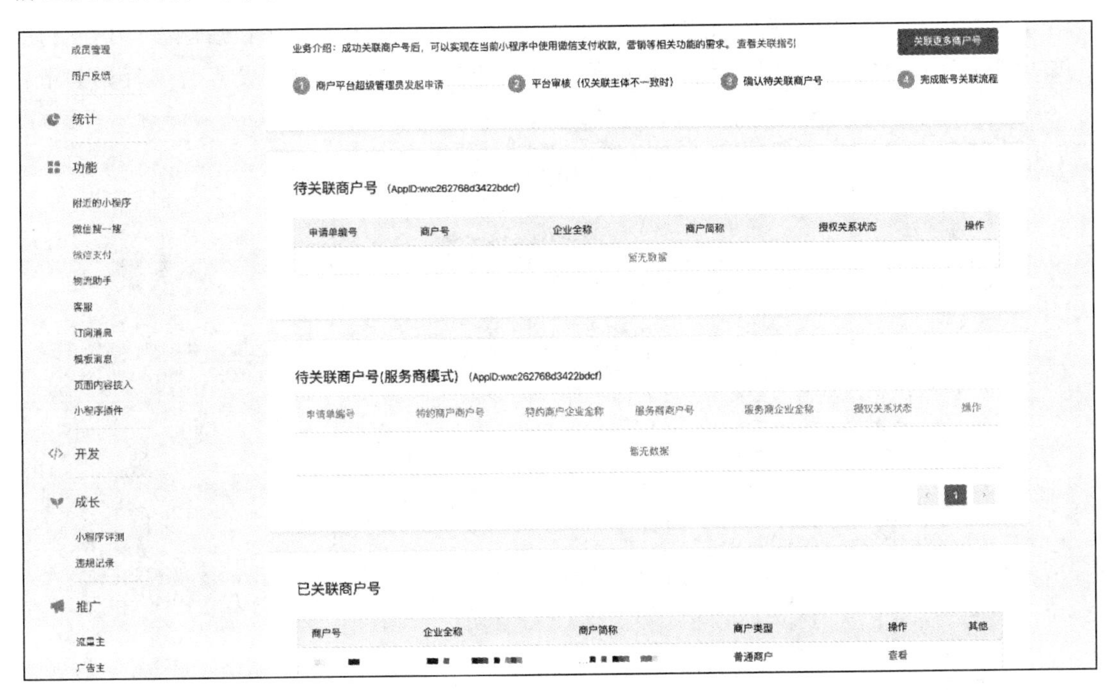

图 12.3　微信支付界面

由图 12.3 可知，案例使用的小程序账号已经关联商户号，可以直接开始开发。当然，微信支付的开发需要后端配合，此处简单讲解前端集成的流程。微信支付的调试，默认后端已经完成相关接口，前端可以直接调用。后端的集成案例暂不做讲解。支付页如图 12.4 示。

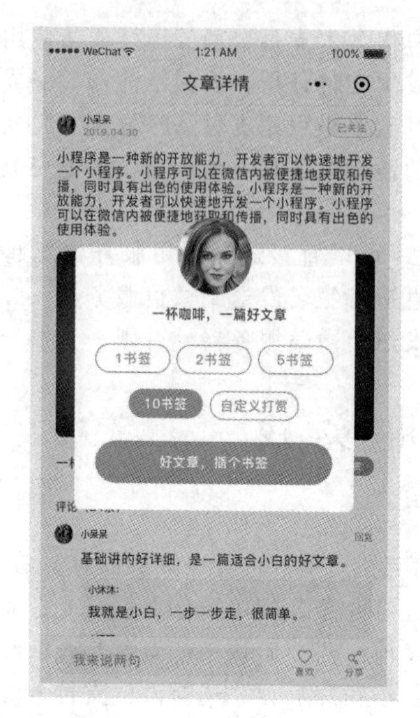

图 12.4　支付页

由图 12.4 可知，文章详情点击打赏后，弹出遮罩层，点击下方按钮后触发微信支付。通过 12.2.2 节介绍的微信支付流程，完成整个支付流程的开发。首先，开发骨架代码如下：

```
<custom-mask v-if="isExcept" @clickMask="clickMaskHandle">
  <div class="mask-content__wrapper">
    <div class="mask-content__header">
      <img :src="headerIcon" />
    </div>
    <div class="mask-content__title">一杯咖啡，一篇好文章</div>
    <div class="mask-content__tags">
      <div
        :class="maskActive===exceptItem.key ? 'mask-tag__active':''"
        @click="exceptHandle(exceptItem.key, exceptItem.value)"
        v-for="exceptItem in defaultExcept"
        :key="exceptItem.key"
        class="mask-tag__item">
        {{exceptItem.value}}书签
      </div>
      <div class="mask-tag__item">
        <input v-if="isCustom" v-model="exceptMoney" type="digit" />
        <span v-else @click="customExceptHandle">自定义打赏</span>
      </div>
    </div>
    <div class="mask-content__btns" @click="maskBtnHandle">
      好文章，插个书签
    </div>
  </div>
</custom-mask>
```

上述代码，通过<custom-mask>组件弹出遮罩层，并且自定义遮罩层的内容。此处需要水平垂直居中布局。通过<custom-mask>组件弹出遮罩层后，需要让整个打赏页面居中显示，具体代码实现如下：

```
.mask-content__wrapper{
  min-height: 545rpx;
  padding-bottom: 56rpx;
  width: 85%;
  position: relative;
  transform: translate(-50%,-50%);
  top: 50%;
  left: 50%;
  background-color: #fff;
  border-radius: 16rpx;
  text-align: center;
}
```

将整个容器设置为相对布局，并且设置其宽度和高度，完成后设置 top:50%,left:50%。此时左上角处于页面中心点。通过 transform 属性，让整个页面左移 50%，上移 50%后。中心点位于容器中间。整个容器水平垂直居中。

页面布局完成后，开始微信支付的集成，选择完打赏金额后，调用 maskBtnHandle() 方法。代码如下：

```
maskBtnHandle(){
  const _this=this
  const money=parseInt(_this.exceptMoney)
  postWeChatPay({
    price: money,
    orderInfo: money+'书签打赏'
  }).then((resData)=> {
    _this.paySign(resData)
  })
}
```

此处调用后端已经测试完成的统一支付接口，接口如图 12.5 所示。

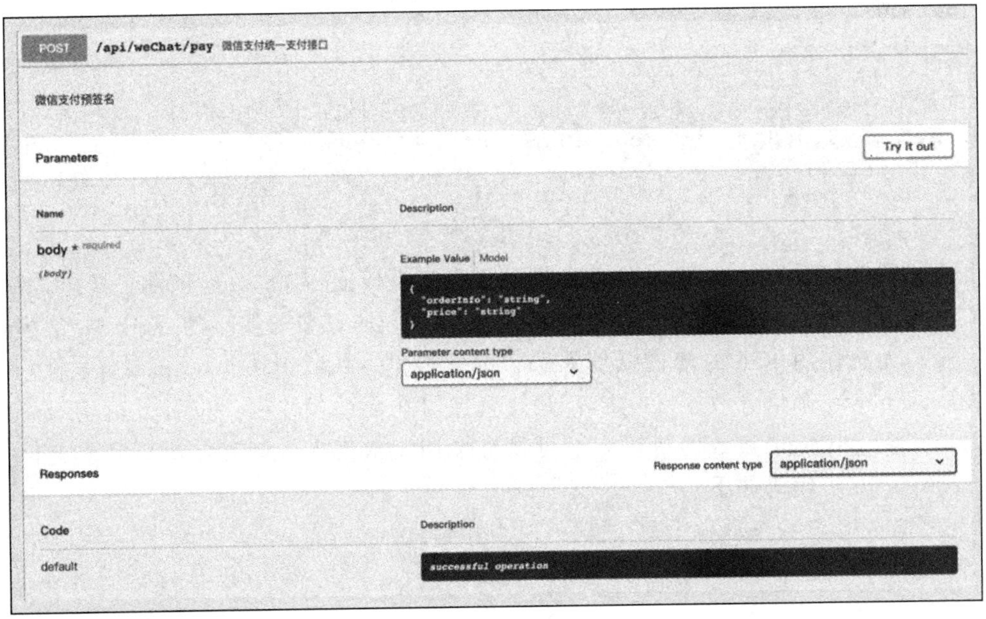

图 12.5　统一支付接口

由图 12.5 可知，需要传递两个参数：price(金额)和 orderInfo(支付说明)。此处需要注意，因为微信规定，price 参数必须为数字类型，且以分为单位。如果需要支付 1 块钱，需要传入 100。此接口由后端提供，传递参数由业务场景和后端人员需要的参数决定。当服务器端拿到相应参数后，调用微信服务器的统一下单接口生成预支付订单，并返回给前端。后端调用接口如图 12.6 所示，接口返回数据如图 12.7 所示：

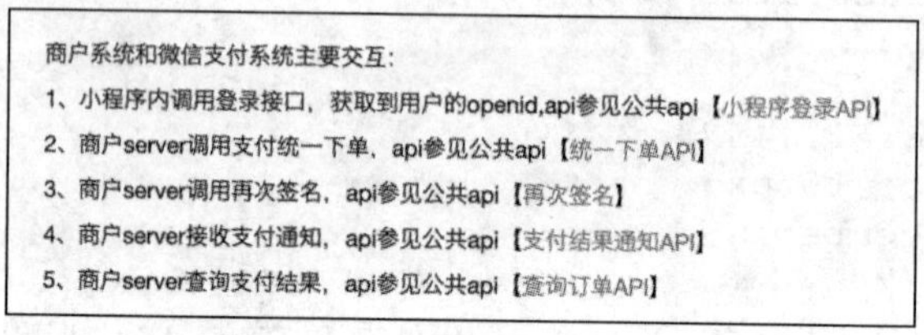

商户系统和微信支付系统主要交互:

1、小程序内调用登录接口，获取到用户的openid,api参见公共api【小程序登录API】

2、商户server调用支付统一下单，api参见公共api【统一下单API】

3、商户server调用再次签名，api参见公共api【再次签名】

4、商户server接收支付通知，api参见公共api【支付结果通知API】

5、商户server查询支付结果，api参见公共api【查询订单API】

图 12.6　后端需调用接口

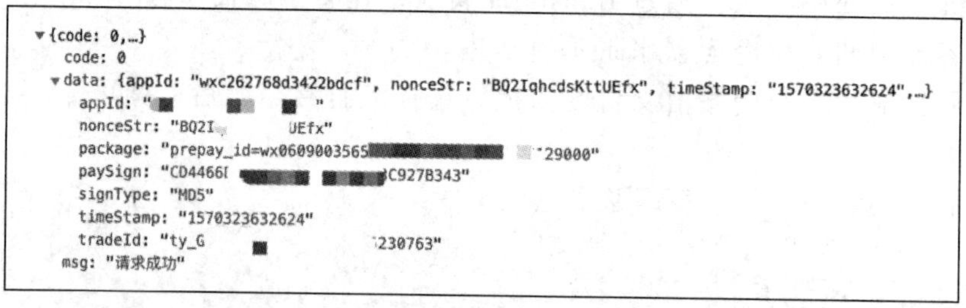

```
▾{code: 0,…}
  code: 0
  ▾data: {appId: "wxc262768d3422bdcf", nonceStr: "BQ2IqhcdsKttUEfx", timeStamp: "1570323632624",…}
    appId: "          "
    nonceStr: "BQ2I        UEfx"
    package: "prepay_id=wx0609003565          29000"
    paySign: "CD4466          C927B343"
    signType: "MD5"
    timeStamp: "1570323632624"
    tradeId: "ty_G          230763"
  msg: "请求成功"
```


图 12.7　接口返回数据

因涉及账号安全，此处对图片模糊处理。返回的参数由前后端开发人员共同确定。当前端获取到相应数据后，调用 paySign()方法，代码如下：

```
paySign(weChatData){
  const{ code, data:{ nonceStr, appId } }=weChatData
  const _this=this
  if (code!==0){
    return false
  }
  let timestampStr=JSON.stringify(new Date().getTime())
  let  paySignStr=CryptoJS.MD5(`appId=${appId}&nonceStr=${nonceStr}&
package=${weChatData.data.package}&signType=MD5&timeStamp=${timestampSt
r}&key=cdsrsoft2019***********cdsrsoft`).toString()
}
```

上述代码，解析出 nonceStr、appId 参数，重新生成 timeStamp 时间戳。通过 MD5 将所有的参数按照微信给定的格式进行拼接，生成 paySign。参与拼接的 package 参数属于保留字段，无法使用 ES6 的解构赋值方法，因此通过 weChatData.data.package 的方式获取。最后的 key 在微信开放平台生成，此处直接写在前端代码内，也可以由后端通过接口返回。完成 paySign 参数的拼接后，可以直接调用微信提供的支付接口完成支付，完整的 paySign()方法代码如下：

```
paySign (weChatData){
  const { code, data: { nonceStr, appId } }=weChatData
  const _this=this
  if (code!==0){
```

```
        return false
    }
    let timestampStr=JSON.stringify(new Date().getTime())
    let  paySignStr=CryptoJS.MD5(`appId=${appId}&nonceStr=${nonceStr}&
package=${weChatData.data.package}&signType=MD5&timeStamp=${timestampSt
r}&key=cdsrsoft2019***********cdsrsoft`).toString()
    wx.requestPayment({
      nonceStr,
      package: weChatData.data.package,
      signType: 'MD5',
      timeStamp: timestampStr,
      paySign: paySignStr,
      success (res){
        _this.exceptMoney=1
        _this.maskActive=null
        _this.isCustom=false
        _this.isExcept=false
        postExcept({
          user: getUser(),
          article: _this.articleDetail._id,
          writer: _this.articleDetail.user._id,
          price: parseInt(_this.exceptMoney)
        }).then((resData)=>{
          console.log('订单记录成功', resData)
        })
        wx.showToast({
          title: '支付成功',
          icon: 'success',
          duration: 2000
        })
      },
      fail (res){
        console.log(res)
        wx.showToast({
          title: '支付失败',
          icon: 'success',
          duration: 2000
        })
      }
    })
  }
```

上述代码，调用 wx.requestPayment()方法发起支付，调用 postExcept()方法记录当前订单结果，此步骤也可以通过微信提供的支付成功回调接口完成，为方便测试，临时通过此方法记录。上述步骤，通过后端请求预支付订单，在微信服务器生成相应的订单记录，再由前端重新 md5 生成 paySign 参数，将需要用于 MD5 的 timeStamp 和 package 等参数一同发送给微信服务器。根据上述流程可以猜测，微信提供的参数在服务器也进行 MD5 拼接，并且与 paySign 参数进行对比，如果相同则校验通过，调用微信支付流程。

微信支付小程序端调用 wx.requestPayment()方法参数说明如表 12.1 所示。

表 12.1 requestPayment()方法参数说明

参数	类型	默认值	必填	说明
timeStamp	string		是	时间戳，从 1970 年 1 月 1 日 00:00:00 至今的秒数，即当前的时间
nonceStr	string		是	随机字符串，长度为 32 个字符以下
package	string		是	统一下单接口返回的 prepay_id 参数值，提交格式如：prepay_id=***
signType	string	MD5	否	签名算法
paySign	string		是	签名，具体签名方案参见 小程序支付接口文档
success	function		否	接口调用成功的回调函数
fail	function		否	接口调用失败的回调函数
complete	function		否	接口调用结束的回调函数（调用成功、失败都会执行）

12.4 应 用 拓 展

消息推送

消息推送共分为两种：小程序订阅消息和微信公众号消息推送。

小程序订阅消息需要用户本人自主订阅。使用时，需要在小程序后台管理界面申请订阅模板，配置界面如图 12.8 所示。

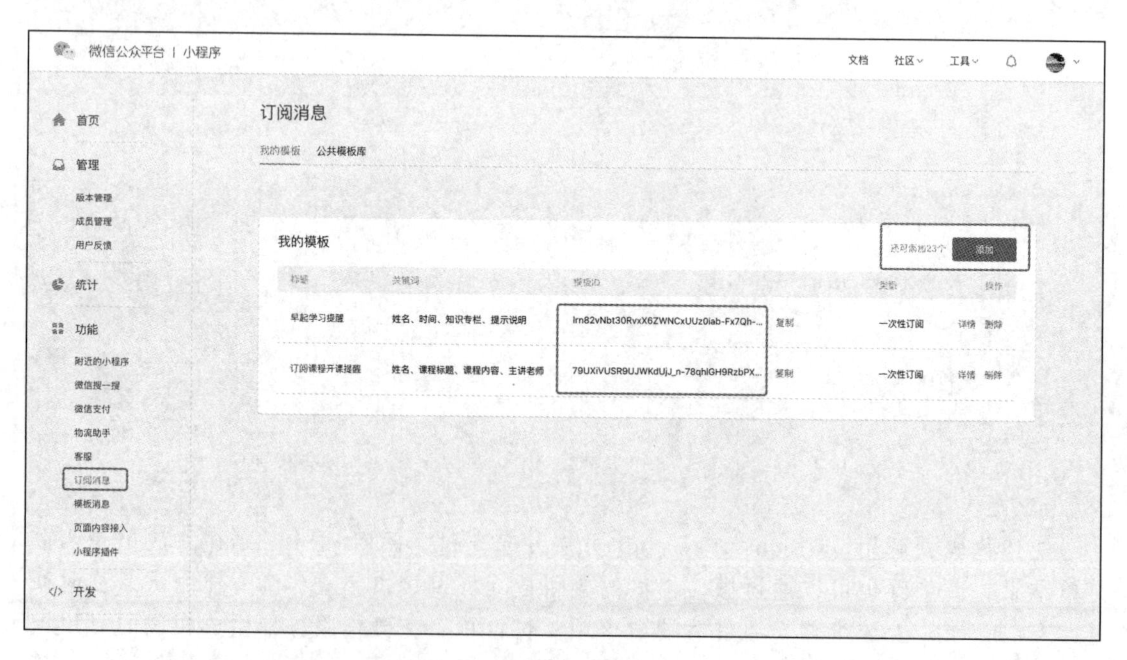

图 12.8 配置界面

完成配置后可以获取到模板 ID，服务端将使用该模板 ID 向用户推送已经配置好格式的消息内容。小程序端可以通过 wx.requestSubscribeMessage()方法提示用户应用内的订阅消息。该方法使用时，需要传递 tmplIds 数组，该数组内填写需要推送的模板 ID，用户订阅消息后，可以推送消息。

微信公众号消息推送需要在公众号后台关联小程序，还需要注册微信公众开放平台账号，将微信公众号和微信小程序绑定到开放平台内，实现微信小程序与微信公众号互通，实现原理如图 12.9 所示。

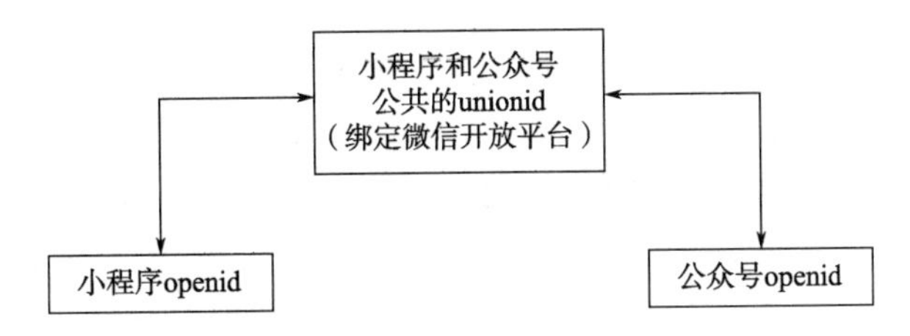

图 12.9 公众平台关联

通过微信平台将小程序和公众号绑定后，可以获取到 unionid，通过该 id 实现小程序和公众号关联。完成关联后，调用小程序登录接口即可获取到 openid 和 unionid。在微信公众号后台，需要配置消息模板，模板消息申请流程与小程序订阅信息类似。完成配置后，服务器端可以根据小程序 openid 查询到公众号 openid，通过微信公众号的消息推送接口，完成公众号的推送服务。整个流程最麻烦的点在于小程序与微信公众号的数据关联，此处由服务器端完成。

注意： 用户需要关注公众号后，小程序端才能获取到 unionid。

小　　结

本章主要讲解微信支付的接入和开发流程，通过对博客小程序中微信支付页功能的实现，介绍整个微信支付的接入流程，避免开发者在开发过程中踩坑。最后在应用实践部分介绍微信小程序中消息推送的方式，帮助开发者更快完成消息推送功能的集成。

习　　题

一、选择题

1. 下面那一项不是 requestPayment 方法参数（　　）。

   A. nonceStr　　B. package　　C. paySign　　D. time

2. 微信小程序中用户唯一标识是（　　）。

   A. openid　　B. uuid　　C. appid　　D. mch_id

3. 生成 paySign 参数时，使用的加密算法为（　　）。

   A. sha1　　B. hash　　C. md5　　D. sha256

二、判断题

1. 个人可以开通微信支付。（　　）
2. 微信公众号消息推送用户无需关注公众号（　　）
3. 微信支付的单位为分。（　　）

三、填空题

1. price参数必须为________类型。
2. 调用支付的方法是________，记录订单结果的方法是________。
3. 小程序消息推送共分为________和微信________。

四、简答题

1. 简述微信支付流程。
2. 简述微信公众号消息推送逻辑。

第13章 应用扩展

13.1 应用优化

1. 文件上传 OSS 封装

文件上传是很多应用都需要使用的功能。在本项目的文件上传模块中，多次使用到文件上传功能，上传密钥配置在前端文件中，存在安全隐患和代码冗余。基于安全性和代码复用原则考虑，建议将上传代码做简单封装，具体封装思路如下：将上传代码封装到方法内部，密钥通过后端接口加密提供，对内传递文件上传路径，对外暴露上传状态信息。具体封装代码如下：

在/src/utils 目录下，新建 upload.js 文件,将上传代码进行简单封装，代码如下：

```
import{ Encrypt } from '@/utils/secret.js'
import{ getOssSecret } from '@/api/upload.js'
const COS=require('cos-wx-sdk-v5')
const uploadToOss=async ({type, fileName, onProgress, onSuccess})=>{
  const{ data }=await getOssSecret()
  const{ SecretId, SecretKey }=data
  const cos=new COS({
    SecretId,
    SecretKey
  })
  const fileNameTmp=Encrypt(fileName)
  cos.postObject({
    Bucket: 'sr-1300007333',
    Region: 'ap-chengdu',
    Key: '${type}/${fileNameTmp}',
    FilePath: fileName,
    onProgress: function (info){
      return onProgress && onProgress(info)
    }
  }, function (err, data){
    console.log(err||data)
    if (!err){
```

```
      // 加速域名
      return onSuccess && onSuccess(fileNameTmp, data)
    }
  })
}
export default uploadToOss
```

调用时，引入该组件，以/src/newVideo/index.vue 文件内视频上传为例，代码如下：

```
wx.chooseVideo({
  sourceType: ['album', 'camera'],
  maxDuration: 60,
  camera: 'back',
  success(res){
    const{ tempFilePath }=res
    uploadToOss({
      type: 'video',
      fileName: tempFilePath,
      onProgress: (info)=>{
        const{ percent }=info
        _this.onProgress=(percent*100).toFixed(2)+'%'
      },
      onSuccess:(fileName)=>{
        _this.videoPath=fileName
      }
    })
  }
})
```

上述代码，将 OSS 上传组件封装在 uploadToOss()方法内，使用时传递上传类型、文件名、进度回调函数和成功回调函数，完成业务逻辑。

2. 页面按模块拆分

基于代码的可读性和复用性考虑将页面按照模块拆分，可以在一定范围内减少代码的耦合度，方便开发人员维护。这里以 home 页面为例，将代码进行简单拆分和封装，具体封装步骤如下：

在 3.3.1 节的基础上，将非登录状态时展示授权页的代码进行封装。原始代码在/src/page/home/index.old.vue 文件内，基于该文件，在当前路径下新建./components 目录，新建 noLogin.vue 文件，将授权页代码放入该文件内分离后，代码如下：

```
<template>
  <div :style="'padding-top:'+(navTop+4)+'px'" class="login-container">
    <img :src="loadingBg"/>
    <custom-mask>
      <div class="login-wrapper">
        <div class="login-contaner__content">
          <div class="content-title">授权提醒</div>
          <div class="content-info">请授权登录，去发现优秀的文章</div>
        </div>
        <div class="login-contaner__button">
          <div class="button-item">取消</div>
```

```
          <button  class="button-item  content-confrim"  open-type=
"getUserInfo" @getuserinfo="getUserInfo" >立即授权</button>
        </div>
      </div>
    </custom-mask>
  </div>
</template>
<script>
import CustomMask from '@/components/CustomMask'
import loadingBg from '@/assets/image/login_bg.png'
export default{
  props:{
    navTop:{
      type: Number,
      required: true
    }
  },
  components:{
    CustomMask
  },
  data(){
    return {
      loadingBg
    }
  },
  methods:{
    getUserInfo(){
      const _this=this
      wx.getSetting({
        success (res){
          if (res.authSetting['scope.userInfo']){
            // 已经授权，可以直接调用 getUserInfo 获取头像昵称
            wx.getUserInfo({
              success: function(res){
                _this.$emit('authUserInfo', res)
              }
            })
          }
        }
      })
    }
  }
}
```

将上述代码从 home 文件内拆分后，以子组件的方式被重新引入，在该文件内通过“授权”按钮，获取页面数据并且通过 emit()方法暴露出去，减少 home 文件内的内容，提高代码质量。整个文件工程内，关于页面内容过多时，可以考虑将相关模块代码进行简单的封装，以便于代码阅读和后期维护。封装前后代码，可以参看源码/src/page/home/index.old.vue 和/src/page/home/index.vue。

3. 切换组件优化

项目内多次使用<custom-tabs>组件，该组件封装了页面内切换样式代码，在6.3.1节对切换组件进行封装后，还遗留了部分交互方面的瑕疵，此处将会对切换组件做进一步优化。具体封装步骤如下：

使用函数去抖，减少多次点击相同位置时的请求量。在/src/utils/index.js文件内，新增debounce()方法，通过export方法暴露，代码如下：

```
/src/utils/index.js
function debounce (idle, action){
  let last
  return function(){
    const ctx=this
    const args=arguments
    clearTimeout(last)
    last=setTimeout(function(){
      action.apply(ctx, args)
    }, idle)
  }
}
export{
  debounce
}
```

在组件内引入该方法并使用，代码如下：

```
/src/components/CustomTabs/index.vue
import{ debounce } from '@/utils/index'
methods:{
    checkedItem: debounce(200, function (item){
      const { key }=item
      this.indexed=key
      this.$emit('checkedItem', key, item)
    })
  }
```

在页面数据量超过一屏时，需要向下滑动展示更多数据，此时tabs组件会跟随着一起滑动。但是在某些场合下，组件固定在header顶部，根据该功能对页面进行封装，代码如下：

```
<template>
  <div>
    <div
      class="pt-tabs__container"
      :style="[isFixed ? {height: height} : '']"
      :class="[isFixed ? 'pt-tabs__position' : '']">
      <div
        v-for="item in tabs"
        :key="item.key"
        :style="[item.key === indexed ? {color: activedColor} : {color:
color}]"
```

```
        :class="[item.key === indexed ? 'tabs-isActive' : '', activeLine ?
'tabs-isActive__line': '']"
        @click="checkedItem(item)"
        class="pt-tabs__items">
        <div>{{item.value}}</div>
      </div>
    </div>
    <div :style="[isFixed ? {height: height} : '']"></div>
  </div>
</template>
```

样式处理，代码如下：

```
.pt-tabs__position{
  position: fixed;
  top: 0;
  left: 0;
  z-index: 999;
  background-color: #fff;
}
```

上述代码，在原有文件内容基础上，新增加 isFixed 变量判断 tabs 组件是否需要紧贴顶部（采用 fixed 布局）。如果采用 fixed 布局，则让容器. pt-tabs__container 脱离文档流布局，使用空 div 占位；如果采用默认布局，则无须传入 isFixed 属性即可。封装完成前后的源码可参看文件：/src/components/CustomTabs/index.old.vue 和 index.vue。

4. Webpack 打包优化

项目使用默认的 webpack 配置，对于常规配置项，可以直接使用 Vue-cli 的配置，但是对于代码压缩等相关配置项，还可以继续优化。接下来将会基于生产环境进行简单的打包优化。因为小程序的项目对于静态资源包有要求，默认不超过 2 MB。在打包时，应对相关内容进行压缩处理：

进入根目录/build/webpack.prod.conf.js 文件内。此文件主要是 webpack 执行生产环境打包时，读取的相关配置项。因为 mpvue 框架基于 Webpack3 构建，此处就以 Webpack3 为例，完成整个基础的配置工作。Webpack4 相关配置类似。关于代码压缩主要使用 uglifyjs-webpack-plugin 插件，该插件默认打开 sourceMap。根据该插件 API 提供的方法，压缩打包后的代码、删除代码内注释和调整变量参数等。

SourceMap：用于在生产环境保留相关代码位置，方便断点调试。打开后影响构建速度和代码加密，增加许多不必要的风险。因此，在生产环境中需要将其关闭。

借助 uglifyjs-webpack-plugin 插件实现对代码的高度压缩，从而达到变量优化、删除所有注释和 console.log 语句。对项目工程文件调整，代码如下：

```
// 调整 console.log
var useUglifyJs=process.env.PLATFORM!=='swan'
if (useUglifyJs){
  webpackConfig.plugins.push(new UglifyJsPlugin({
    // sourceMap: true
    sourceMap: false,
    uglifyOptions:{
      output:{
```

```
        beautify: false,                  // 最紧凑的输出
        comments: false                   // 删除所有的注释
      },
      compress:{
        drop_console: true,               // 删除所有的 console.log()语句，可以
                                                               // 兼容 IE 浏览器
        collapse_vars: true,              // 内嵌定义了但是只用到一次的变量
        reduce_vars: true,                // 提取出现多次，但是没有定义成变量去
                                                               // 引用的静态值
        pure_funcs: ['console.log']  // 正式环境不出 console.log
      },
      warnings: false
    }
  }))
}
```

13.2 部署发布

小程序端打包完成后，打开微信开发者工具，上传代码即可完成代码上传工作。完成后需要登录微信小程序后台系统，将代码提交审核，待审核通过后，即可发布小程序。小程序端的发布流程比较简单，不涉及业务的部署工作，但是在提交审核时，需要注意提交相关事宜，案例内小程序因为涉及直播、上传和定位等功能，在完成相关资料填写时，需要准备相关材料。审核相关材料根据小程序业务范围确定。

小结

本章主要讲解项目的优化和小程序发布流程。通过本章的学习可以让开发者掌握简单的项目优化和小程序发布流程。

习题

简答题

1. 简述 Webpack 打包优化配置项及作用。
2. 简述页面切换时切换组件优化作用。